EINE KARBONFREIE SCHWEIZ: SUCHE NACH EINER VERWIRKLICHBAREN STRATEGIE

Richard Voellmy

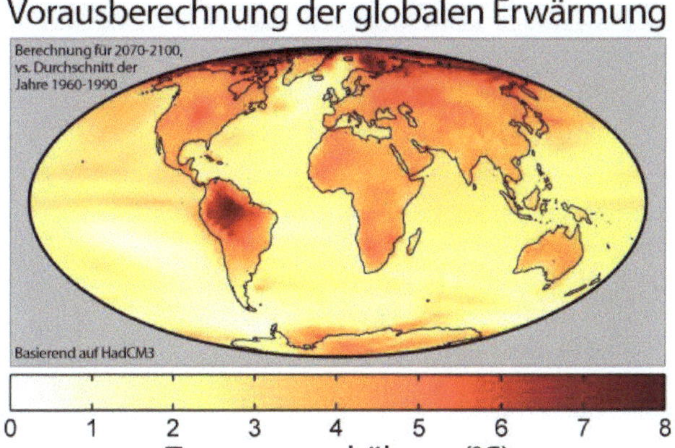

Abbildung kreiert von Robert E. Ronde für «Global Warming Art». Die Projektion beruht auf einem IS92a «business as usual» Szenario. Creative Commons Attribution-Share Alike 3.0 Unported license.

Richard Voellmy

Avenue de Sully 67

CH-1814 La Tour-de-Peilz

voellmyr@gmail.com

© 2023, Richard Voellmy
Herstellung und Verlag: BoD – Books on Demand,
Norderstedt
ISBN: 9783734722417

Inhaltsverzeichnis

In Kürze

Dem Klimawandel soll durch drastische Reduktionen und die eventuelle Sistierung von Emissionen aus fossilen Kraftstoffen entgegengewirkt werden. Fossile Energien sollen durch erneuerbare Energien (sprich Sonneneinstrahlung und Wind) ersetzt werden. Wie ich am Beispiel der Schweiz unter Verwendung von allgemein zugänglichen Zahlen aufzeige, ist diese Strategie unrealistisch. Deshalb ist es wohl auch nicht von Nachteil, dass diese Strategie nicht wirklich zielstrebig verfolgt wird. Ich plädiere für einen zwischenzeitlichen Weiterausbau der Kernkraft und eine konsequente, parallele Entwicklung der geothermischen Stromproduktion, die zu einem Grundpfeiler der Stromversorgung werden sollte. Die Fortschritte, die in der tiefen Geothermie in den letzten Jahren erzielt wurden, sollten diese alternative Strategie ermöglichen.

Zusammenfassung

Gemäss dem Pariser Übereinkommen von 2016, das von den meisten Ländern der Welt ratifiziert wurde, soll die durchschnittliche Erderwärmung deutlich unter 2^0C und möglichst unter 1,5⁰C relativ zu vorindustriellen Werten gehalten werden. Es scheint allgemein akzeptiert zu sein, dass dieses Ziel nur erreicht werden kann, wenn Treibhausgasemissionen sukzessive gesenkt werden und ab 2050 keine unkompensierten Emissionen mehr stattfinden. Die Schweiz hat sich zu einer 50%igen Verminderung bis 2030 (relativ zu 1990 Werten) und zu netto-null Emissionen ab 2050 verpflichtet. Bloss, wie soll das gehen? Obwohl darüber geredet wird, gibt es wenige Anzeichen dafür, dass das Gros der Leute ihren ökologischen Fussabdruck freiwillig verkleinern werden, was eine Verringerung des Verbrauchs von fossilen Energien zur Folge hätte. Ganz im Gegenteil. Um die Emissionsminderungsziele vielleicht dennoch (wenn auch wahrscheinlich etwas verspätet) einhalten zu können, sollen alle mit fossilen Energien alimentierten Prozesse (insbesondere die Mobilität und das Heizwesen) elektrifiziert und mit grünem Strom (in der Schweiz hauptsächlich aus der Photovoltaik) betrieben werden. Wenigstens in der Schweiz fehlt eine griffige Gesetzgebung, die diesen Wandel effektiv vorantreiben könnte. Ein Verbot von neuen Kernkraftwerken gibt es allerdings. Die geltende und vorgeschlagene Gesetzgebung wird in diesem Beitrag ausführlich diskutiert. Die Elektrifizierung der hauptsächlichsten Prozesse (Mobilität, Heizung) ist machbar. Hingegen erscheint eine grüne Stromproduktion mittels Photovoltaik, die sowohl die neu elektrifizierten Prozesse alimentieren als auch den Verlust von Strom aus den alternden Kernkraftwerken und mit fossiler Energie betriebenen Kraftwerken wettmachen könnte, als illusorisch. Meine Überschlagsrechnungen ergeben, dass die Stromproduktion in etwa verdoppelt werden müsste (+ 70-75 TWh). Ich habe drei vereinfachte Szenarien gerechnet: (1) alle Photovoltaikanlagen befinden sich im schweizerischen Mittelland und sind so überdimensioniert, dass sie auch den Winterbedarf abdecken können (peak shaving), (2) alle Anlagen befinden sich im Mittelland und überschüssiger Sommerstrom wird mittels (im Übrigen noch unerprobten) «power-to-gas» (P2G) Technologien für das Winterhalbjahr gespeichert and (3) alle Anlagen befinden sich in alpinen Regionen. Um den zusätzlich benötigten Strom zuverlässig produzieren zu können, müssten Photovoltaikanlagen mit einer Gesamtfläche von etwa 1'600 (1), 960 (2) oder 540 km² (3) installiert werden. Zur Veranschaulichung: die Fläche des Kantons Thurgau beträgt 991 km². Die Gesamtfläche aller Photovoltaik-tauglichen Gebäudedächer und Fassaden beläuft sich auf etwa 202 km². Welch eine Verschandelung von Natur und Ortsbildern, die ein solcher Ausbau zur Folge hätte. Die Anlagen würden etwa 500 (1) oder 300 (2,3) Milliarden Franken kosten. Es darf angenommen werden, dass sie etwa alle 20 Jahre ersetzt werden müssten. Der Energieaufwand zur Herstellung der Anlagen entspräche etwa 9,2-mal (1), 5,7-mal (2) oder 3,2-mal (3) dem jährlichen Gesamtenergieverbrauch (inklusive fossiler Energie) der Schweiz. Diese Zahlen sind so gigantisch, dass es offensichtlich ist, dass diese Art von Energiewandel undurchführbar ist. Wenn man bedenkt, dass halb Europa auf einen massiven Ausbau der Photovoltaik setzt, ist es voraussehbar, dass die notwendige Anzahl von Photovoltaik Modulen und elektronischem Zubehör gar nicht beschafft werden könnte. Und das ist noch nicht alles: der Tagesverlauf der photovoltaischen Produktion müsste geglättet und Wetterschwankungen ausgeglichen werden durch kurzfristige Speicherung eines Grossteils der produzierten Elektrizität. Genügend Kapazitäten für eine Kurzzeitspeicherung in einem solchen Massstab sind nicht vorhanden. Es müsste z.B. die Pumpspeicherkapazität der Schweiz um ein Mehrfaches vergrössert werden, was mit geschätzten Kosten in zweistelliger Milliardenhöhe verbunden wäre. Es erscheint als offensichtlich, dass andere karbonfreie Technologien eingesetzt werden müssen, um den zusätzlich benötigten Strom zu erzeugen. In Frage kämen in der Hauptsache Kernkraftwerke und geothermische Kraftwerke. Neue Designs haben Kernkraftwerke sicherer gemacht. Auch sind Kraftwerke der dritten Generation typischerweise Last-folgend, was wichtig ist, da die Saisonalität der hydroelektrischen Produktion und des Strombedarfs von Wärmepumpenheizsystemen zu kompensieren wäre. Solange die bestehenden Kernkraftwerke noch am Netz sind, dürften einige wenige zusätzliche Kernkraftwerke genügen, um einen Grossteil des voraussehbaren zusätzlichen Bedarfs zu decken. Die effektive Bauzeit von Kernkraftwerken der dritten Generation dürfte rund 5 Jahre betragen, und technologische Hürden sollten nicht mehr im Weg stehen. Ich betrachte die Kernkraft als Lückenbüsserin und plädiere dafür, dass wir längerfristig auf eine Last-folgende geothermische Stromproduktion setzen und deren Realisation umgehend angehen sollten. Erdwärme ist die ultimative, nachhaltige und karbonfreie Energie, die überall und für geologische Zeiten verfügbar ist. Gestein in einigen Kilometern Tiefe ist genügend heiss, um damit Wasser auf eine Temperatur zu erhitzen, auf der es eine Turbine anzutreiben vermag. Die tiefe Geothermie hat beachtliche Fortschritte gemacht, seit induzierte Erdbeben in Basel und St. Gallen ihren Ausbau in der Schweiz abrupt stoppten. Die Perfektionierung des horizontalen Bohrens durch die Erdölindustrie macht es möglich, geschlossene Systeme («advanced geothermal systems oder «AGS») in Betracht zu ziehen: das «Eavor loop» System besteht aus zwei tiefen vertikalen Bohrlöchern, deren untere Enden über Kilometer-lange horizontal verlaufende Bohrlöcher miteinander kommunizieren. Eine Pilotanlage wurde gebaut und die Technologie sorgfältig ausgetestet. Dieses System hat matchentscheidende Vorteile gegenüber den ursprünglichen Systemen (den sogenannten «enhanced geothermal systems» oder «EGS»): 1. Die Ungewissheit beim Bau eines EGS, ob eine genügende Durchflussgeschwindigkeit der Arbeitsflüssigkeit durch das aufgebrochene Gestein erreicht werden kann und ob der Flüssigkeitsverlust im Gestein tragbar sein wird, entfällt. Die Durchflussgeschwindigkeit ist planbar, und Flüssigkeitsverluste sollten nicht auftreten; 2. Seismische Ereignisse sind praktisch ausgeschlossen; 3.

Umweltverschmutzung sollte kein Thema mehr sein, da die Arbeitsflüssigkeit ausschliesslich durch versiegelte Bohrlöcher fliesst; 4. Die Arbeitsflüssigkeit muss nicht gepumpt werden (Thermosiphon Effekt), was die Effizienz der Stromproduktion erhöht. Eine Weiterentwicklung minimiert den Fussabdruck des Systems weiter: die vertikalen Bohrlöcher stehen nahe beieinander, und die horizontalen Bohrlöcher sind als Schleifen angelegt. Kommerzielle Projekte sind unterwegs oder geplant. Ein massgeblicher Faktor, der den Bau von geothermischen Kraftwerken teuer macht, sind die Bohrkosten. Kontaktfreie Bohrmethoden versprechen diese Kosten deutlich zu senken. An solchen Methoden wird bereits seit Jahren geforscht. Ein Plasmapuls Verfahren (PLASMABIT), das in Labor- und Feldversuchen alle Versprechungen erfüllt hat, soll demnächst Europas tiefste Bohrungen ausführen. Ich bin der Ansicht, dass jetzt der Zeitpunkt gekommen ist, konsequent auf die Erschliessung von tiefer geothermischer Energie zu setzen mit dem Ziel, diese Technologie zu einem Grundpfeiler unserer zukünftigen Stromversorgung zu machen. Natürlich müssten wir dazu ein wenig Pioniergeist entwickeln sowie die staatlichen Garantien und Teilfinanzierungen sprechen, ohne die sich

Industrieakteure kaum dazu bewegen lassen werden, kommerzielle geothermische Kraftwerke (oder auch neue Kernkraftwerke) zu erstellen.

1. Einleitende Gedanken

11. Januar 2022

Ich sitze an meinem Bürotisch in La Tour-de-Peilz, einer kleinen Stadt am schweizerischen Ufer des Genfersees. Die Omikron Varianten des Coronavirus SARS-CoV-2 breiten sich weltweit rasant aus. Ende letzter Woche informierte das Bundesamt für Gesundheit (BAG) über 30'000 neue Infektionen an einem einzigen Tag. Die USA wiesen am selben Tag beinahe 900'000 Neuinfektionen aus. Es scheint, dass die meisten neuerlich infizierten Menschen relativ milde Krankheitsverläufe haben. Ich nehme an, dass dies wenigstens z.T. dem Impfen zuzuschreiben ist. Mein Interesse an der Wirksamkeit von Impfungen ist professionell. Meine Firma beschäftigt sich bereits seit zehn Jahren mit der Entwicklung eines neuartigen Impfverfahrens. Unsere Versuche werden an verschiedenen akademischen Forschungslaboratorien ausgeführt. Zwischen der Planung eines Versuchs und dem Erhalt der Resultate vergehen typischerweise mehrere Monate. Während Versuche am Laufen sind, habe ich Zeit, mich mit anderen Themen zu befassen. Ich denke seit längerem über das Thema Klimawandel nach. Dabei überlasse ich es den professionellen Klimaforschern sich damit herumzuschlagen, wieviel davon menschengemacht ist. Ich gehe von der Hypothese aus, dass der Klimawandel vollumfänglich durch die Verbrennung von Erdölprodukten und Erdgas verursacht wird und beschäftige mich mit der Frage, wie wir es schaffen könnten, auf die Verbrennung dieser Energieträger zu verzichten.

Letzten Sommer haben mein Freund Dr. Olivier Zürcher (Ingenieur und Thermodynamiker) und ich eine Übersichtsstudie publiziert[1], in welcher wir uns mit dem Aufwand beschäftigten, welcher betrieben werden müsste, um die Schweiz mittels grüner Technologien CO_2-neutral zu machen. Wir zeigten auf, dass die notwendigen Anstrengungen gigantisch wären, sowohl bezüglich des finanziellen Aufwands als auch bezüglich der grauen Energie, die dafür eingesetzt werden müsste. Wir überliessen es den Lesern und Leserinnen, ihre eigenen Schlussfolgerungen zu ziehen. Das Echo das wir erhielten liess uns vermuten, dass die Leser und

Leserinnen das Unterfangen für undurchführbar hielten. Ich dachte damals, dass unsere Studie eine einmalige Anstrengung bleiben würde. In der Zwischenzeit begann ich mich immer mehr daran zu stören, dass wir keinen vernünftigen Weg vorwärts skizziert hatten. Ich nehme deshalb das Thema hier nochmals auf.

Wie schon in unserer vorausgegangenen Arbeit werde ich hauptsächlich (vorpandemische) schweizerische statistische Daten zur Energieproduktion und zum Energieverbrauch verwenden und mich auch mit der relevanten Schweizer Gesetzgebung befassen. Aus diesem Grund betrifft meine Diskussion hauptsächlich die schweizerischen Verhältnisse. Natürlich sind die besprochenen Probleme nicht Schweiz-spezifisch. Nicht nur die Schweiz, sondern auch ein Grossteil der übrigen Welt strebt danach, auf fossile Energien zu verzichten. In diesem Sinne bezieht sich meine Diskussion auf gemeinsame Probleme und Anliegen, die am Beispiel der Schweiz konkret gemacht werden.

Ich habe kürzlich wieder einmal einen alarmierenden Bericht in der Schweizer Presse gelesen, der sich mit dem extrem hohen ökologischen Fussabdruck der Schweiz befasste. Ich werde mich mit diesem Thema im nächsten Kapitel befassen.

Zuvor möchte ich jedoch einige allgemeine Anmerkungen machen. Grundsätzlich stehen uns zwei komplementäre Strategien zur Verfügung, um den Verbrauch von fossiler Energie zu reduzieren, nämlich Energiesparen und Energieträgersubstitution. Wie wir sehen werden, könnten die grössten Einsparungen gemacht werden, wenn wir auf private Mobilität verzichteten und Wärmepumpensysteme für die Gebäudeheizung und Warmwassererzeugung einsetzen würden. Darüber hinaus gäbe es unzählige weitere Möglichkeiten, den fossilen Energieverbrauch zu senken. Einige der Massnahmen brächten vielleicht nicht viel, deren Gesamtheit hingegen schon. Die folgende, unvollständige und unsystematisch zusammengestellte Liste zeigt auch auf, welche verfehlte Lebensweise wir uns angewöhnt haben. Unsere gegenwärtigen Leitmotive scheinen Bequemlichkeit und scheinbarer Effizienzgewinn zu sein.

- In unseren Mehrzimmerwohnungen beheizen wir alle Zimmer. Dies ist offensichtlich unnötig. Wenigstens Schlafzimmer müssten nicht beheizt werden.

- Heizkörperflächen (in Häusern ohne Bodenheizung) wurden minimiert, um möglichst viel freie Wand- und Fensterfläche zu erhalten. Eine Energieverschleuderung.
- Ältere Gebäude sollten energetisch saniert werden.
- Baden sollte durch Duschen ersetzt werden. Beim Duschen müsste das Wasser nicht länger als etwa eine Minute fliessen.
- Wieso braucht eine Einzelperson eine Wohnung mit über 100 m² Grundfläche? Zusammenrücken spart viel Energie (auch wenn dies epidemiologisch nicht völlig unbedenklich ist).
- Macht es Sinn mit Erdgas zu heizen und elektrisch zu kochen?
- Ich schätze ein bei Migros erhältliches Duschgel namens «Petit Marseillais». Leider wird es in «kugelsicheren», dickwandigen 250 ml Plastikflaschen verkauft?
- Wieso werden Mineralwasser in Lebensmittelgeschäften in offenen Kühlschränken ausgestellt?

- Fehlverhalten. Ein Beispiel: bei der Abfallstation vor unserem Gebäude werden oft leere Weinflaschen, grosse Kartonschachteln, Möbel, Velos, usw. deponiert. Dies hat zur Folge, dass die Gemeinde mehrmals täglich einen Lastwagen vorbeischickt um aufzuräumen.

- Weshalb braucht jedermann einen motorisierten Laubbläser? Wo ist der gute alter Rechen geblieben?

- Als wir eine oder zwei kleine Waschmaschinen für unser Mehrfamilienhaus, in welchem die meisten Wohnungen Studios sind, kaufen wollten, wurde uns gesagt, dass ein Servicevertrag nur für eine industrielle Waschmaschine erhältlich sei. Jetzt waschen manche Mitbewohner zwei Hemden die Woche in der industriellen Maschine.

- Neue Geräte und Fahrzeuge werden vermehrt modular gebaut. Selbst beim kleinsten Defekt müssen ganze Module ersetzt werden.

- Altkleider und gebrauchte Schuhe werden über Tausende von Kilometern transportiert, um dann grossenteils auf einer Müllhalde zu landen.

- Selbst einfache Güter wie Kleider, Spielsachen und Möbel werden in Asien hergestellt und dann über die ganze Welt verteilt. Wussten Sie, dass die «steinreiche» Schweiz sogar Kies importiert?

- Benötigt unsere Küche wirklich Avocados, Mangos oder Maniok? Oder Erdbeeren, Blaubeeren oder Mandarinen im Frühling? Solche Lebensmittel kommen oft von weit her, z.T. aus Übersee. Könnten wir allenfalls auf australischen oder kalifornischen Wein verzichten?

- Zeitungen werden immer noch gedruckt und täglich verteilt. Wir wurden sogar unlängst an die Urne gerufen, um über eine Subventionierung der Verteilung von Zeitungen abzustimmen. Machen farbige Kataloge auf Hochglanzpapier und voluminöse Zeitungen der Lebensmittelindustrie wirklich Sinn?

- Mit jedem neuen Gerät, das wir nicht kaufen, und mit jedem Gerät, das wir nicht vorzeitig ersetzen, sparen wir die Energiemengen ein, die zu deren Herstellung hätten aufgewendet werden müssen.

- Ein langer Arbeitsweg verbraucht viel Energie, besonders wenn er mit dem Privatfahrzeug bewältigt wird. Man müsste bestrebt sein, so nahe beim Arbeitsort wie möglich zu wohnen.

Ich habe mich überzeugen lassen, dass das Energiesparen aus gesellschaftlichen und gesellschaftspolitischen Gründen wahrscheinlich nur wenig zur angestrebten Verminderung von CO_2 Emissionen beitragen wird. Deshalb beschäftigt sich diese Arbeit hauptsächlich (aber nicht ausschliesslich) mit dem Thema der Energieträgersubstitution.

2. Der ökologische Fussabdruck - Energiesparen

26. Januar 2022

Wir könnten unseren ökologischen Fussabdruck signifikant verkleinern, insbesondere indem wir auf ein privates Motorfahrzeug und, soweit möglich, auf Flug- und Schiffsreisen verzichteten. Allerdings gibt es z.Z. wenig Anzeichen dafür, dass das Gros der Bevölkerung dafür zu haben wäre. Ich gehe anschliessend der Frage nach, wieviel fossile Energie wir einsparen könnten mit zwei spezifischen Massnahmen, nämlich mit einem Verzicht auf private Motorfahrzeuge und einer konsequenten Umstellung der Raumwärme- und Warmwasser-erzeugung auf Wärmepumpensysteme.

Der ökologische Fussabdruck ist ein buchhalterisches Konzept, das den Ressourcenverbrauch von Personen, Ländern usw. mit den global vorhandenen Ressourcen (Biokapazität; Landfläche welche zur Kompensation des Verbrauchs benötigt wird) vergleicht[2]. Der schweizerische Verbrauch war 4,47 «globale Hektaren» pro Person im Jahr 2017[3]. Die globale Biokapazität war 1,60 globale Hektaren pro Person. Diese Werte wurden vom Bundesamt für Statistik (BFS) publiziert. Mit anderen Worten, wenn jedermann so leben würde wie ein durchschnittlicher Schweizer/in, dann würden 2,8 Planeten benötigt. Dies ist eindeutig nicht nachhaltig. Ich will nicht unterschlagen, dass unser Fussabdruck in den letzten Jahren etwas geschrumpft ist. Im Jahr 1990 war er noch 6,44 «globale Hektaren» pro Person.

Wie müssten wir leben, wenn wir unseren Fussabdruck auf ein nachhaltiges Niveau runterbringen wollten? Um dies herauszufinden, habe ich mich des «footprint calculator» von WWF Schweiz bedient[4]. Dieser Rechner ermittelt einen persönlichen Fussabdruck mit Hilfe von 38 Fragen. Um zu erfahren, um wieviel sich mein persönlicher Fussabdruck reduzieren liesse, fütterte ich den Rechner mit den folgenden Antworten:

- Meine Früchte und Gemüse sind saisonal/lokal produziert.
- Ich bin Veganer, d.h. ich konsumiere keine tierischen Produkte.
- Ungefähr die Hälfte meiner eingekauften Gemüse und Früchte tragen ein Label (Bio, MSC, Fair Trade).
- Ich werfe keine Nahrung weg.
- Ich benutze keinen Wagen oder Motorrad für den Arbeitsweg und auch nicht für private Zwecke.
- Ich benutze den öffentlichen Verkehr nicht. Ich wohne in der Nähe meines Arbeitsortes. Ich gehe zu Fuss oder mit dem Fahrrad zur Arbeit.
- Ich unternehme keine Flugreisen oder Kreuzfahrten.
- Ich lebe in einer Mietwohnung in einem Mehrfamilienhaus. Meine Wohnung wird auf höchstens 19^{0}C geheizt. Raumwärme und Warmwasser werden mittels einer Wärmepumpe erzeugt.
- Das Mehrfamilienhaus in dem ich wohne wurde 1986 gebaut.

- Die Grundfläche meiner Wohnung beträgt 50 m^2. Zwei Personen leben im Haushalt.

- Alle Geräte sind A++ oder besser. Ich besitze einen einzigen Kühlschrank mit einem Gefrierfach.

- Die Wäsche wird auf der vorgesehen Temperatur gewaschen und danach luftgetrocknet.

- Das Gebäude verfügt über eine Photovoltaik-Anlage, welche einen Teil meines Haushaltstroms liefert.

- Meine monatlichen Auslagen: < 20 Franken für Kleider und Schuhe, < 25 Franken für Möbel und Geräte und < 50 Franken für Freizeit und Kulturelles (Fitness, Zeitungen, Hobbies usw.).

- Ich gebe weniger als 50 Franken pro Monat für auswärtiges Essen, Hotels usw. aus.

- Alle meine Investitionen betreffen nachhaltige Unternehmen.

Basierend auf diesen Angaben ermittelte der Rechner einen Fussabdruck von 0,84 Planeten (3,65 t CO_2).

Ich probierte auch den Rechner des Global Footprint Network[5] aus. Soweit möglich verwendete ich dieselben Angaben wie zuvor. Generell waren die Fragen weniger granular als diejenigen des WWF Rechners. Einige der Fragen waren so mehrdeutig, dass sie nicht korrekt beantwortet werden konnten. Ein Beispiel: «Welcher Anteil deiner Nahrungsmittel ist unverarbeitet, unverpackt oder lokal produziert?» Ich kaufe hauptsächlich Nahrungsmittel, die lokal produziert und nur minimal verarbeitet sind. Das meiste davon ist verpackt, weil es der Supermarkt so anbietet. Ich setzte einen Wert von 50% ein. Der ermittelte Fussabdruck war 1,3 Planeten.

Während ein Lebensstil, der die oben gemachten Vorgaben erfüllt, den meisten von uns als zu spartanisch erscheinen wird, zeigt die Übung doch, dass eine nachhaltige Lebensweise möglich ist.

Erlauben wir uns einen komfortableren Lebensstil. Wir verzichten immer noch auf Wagen oder Motorrad und benutzen den öffentlichen Verkehr nur für Ferienreisen (im Inland oder näherem Ausland). Ich habe die Fragen des WWF Rechners wie folgt beantwortet:

- Meine Früchte und Gemüse sind saisonal/lokal produziert.
- Milchprodukte: 1-2-mal pro Tag; Eier oder Ei-haltige Produkte: 1-2-mal pro Woche; Fleisch/Fisch; 1-3-mal pro Woche.

- Ungefähr die Hälfte meiner eingekauften Gemüse und Früchte tragen ein Label (Bio, MSC, Fair Trade).
- Ich werfe keine Nahrung weg.
- Ich benutze keinen Wagen oder Motorrad für den Arbeitsweg oder für private Zwecke.
- Öffentlicher Verkehr (hauptsächlich Bahn): 80-240 km pro Woche (Ferienkilometer aufs Jahr verteilt).
- Ich unternehme keine Flugreisen oder Kreuzfahrten.
- Ich lebe in einer Mietwohnung in einem Mehrfamilienhaus. Meine Wohnung wird auf höchstens 21^{0}C geheizt. Raumwärme und Warmwasser werden mittels einer Wärmepumpe erzeugt.
- Das Mehrfamilienhaus in dem ich wohne wurde 1986 gebaut.
- Die Grundfläche meiner Wohnung ist 100 m^2 oder weniger. Zwei Personen leben im Haushalt.
- Alle Geräte sind A++ oder besser. Ich besitze einen Kühlschrank und einen Gefrierschrank.
- Die Wäsche wird auf der vorgesehen Temperatur gewaschen und danach luftgetrocknet.

- Das Gebäude verfügt über eine Photovoltaik-Anlage, welche einen Teil meines Haushaltstroms liefert.
- Meine monatlichen Auslagen: < 100 Franken für Kleider und Schuhe, < 75 Franken für Möbel und Geräte und < 260 Franken für Freizeit und Kulturelles (Fitness, Zeitungen, Hobbies usw.).
- Ich gebe weniger als 250 Franken pro Monat für auswärtiges Essen, Hotels usw. aus (Ferienauslagen aufs Jahr verteilt).
- Alle meine Investitionen betreffen nachhaltige Unternehmen.

Der errechnete Fussabdruck kommt auf 1,56 Planeten. Die grössere Wohnung, der Tiefkühler und der höhere Konsum haben den Fussabdruck beträchtlich vergrössert. Trotzdem ist er immer noch 44% kleiner als der schweizerische Durchschnitt. Er ist auch geringer als der weltweite Durchschnitt. Schauen wir uns die Effekte von einzelnen Veränderungen in unserem Konsumverhalten an:

Eine vegane Ernährung brächte den Fussabdruck auf 1,44 Planeten runter.

Würde der Haushalt vollständig mit erneuerbarer Elektrizität versorgt, wäre der Fussabdruck 1,54 Planeten.

Es ist vielleicht überraschend, dass die letzteren zwei Faktoren wenig Gewicht haben. Einen markant grösseren Einfluss hat die Benutzung eines Motorfahrzeugs. Wenn ich mit einem mittelgrossen Wagen zur Arbeit fahren würde (Tagesdistanz: > 50 km), dann würde sich mein Fussabdruck auf 2,37 Planeten erhöhen. (2,8 Planeten ist der derzeitige durchschnittliche Fussabdruck.) Wenn ich eine Amerikareise und eine Kreuzfahrt unternehmen würde, vergrösserte sich mein Fussabdruck auf 2,27 Planeten.

Die obigen Resultate scheinen aufzuzeigen, dass sich signifikante Einsparungen machen lassen, ohne dass dabei auf Komfort und Freizeitaktivitäten verzichtet werden muss. Die Posten, wo Einschränkungen wirklich einschenken, sind die private, motorisierte Mobilität, Flugreisen, Kreuzfahrten (und andere Schifffahrten) und gedankenloser Konsum.

Bleiben wir beim zweiten (komfortableren) Szenario. Wie im ersten Szenario machte ich die Annahme, dass ich zu Fuss oder mit dem Fahrrad zur Arbeit ginge. Wie sähe der

Fussabdruck aus, wenn mein Arbeitsweg 25 km betrüge und ich den öffentlichen Verkehr benutzte, um zur Arbeit zu gehen? Gemäss dem WWF Rechner vergrösserte sich der Fussabdruck nur unwesentlich, nämlich von 1,56 auf 1,60 Planeten. Wenn mein Arbeitsweg 50 km wäre, dann wäre mein Fussabdruck 1,64 Planeten. Man darf sich fragen, weshalb die Benutzung des öffentlichen Verkehrs so wenig ausmachen soll. Macht der Rechner die Annahme, dass dieser Verkehr mehrheitlich mit erneuerbarem Strom betrieben wird (was sicher nicht ganz stimmt)? Oder wird angenommen, dass die bestehende Infrastruktur ausreichen würde, um jeden und jede mit dem öffentlichen Verkehr zur Arbeit oder in die Ferien zu befördern. Die letztere Annahme ist vielleicht nicht unplausibel, wenn man bedenkt, dass sich viele Menschen ans Homeoffice gewöhnt haben und weiterhin ein bis drei Tage pro Woche zuhause arbeiten möchten. Auch könnten flexiblere Arbeitszeiten die morgendlichen und abendlichen Spitzen verflachen und damit den öffentlichen Verkehr entlasten. Falls ein Ausbau des öffentlichen Verkehrs notwendig wäre, würde dies die Wirkung eines Ausstiegs aus dem Privatverkehr schmälern.

Wie würde sich der Verbrauch von fossiler Energie verringern, wenn alle auf ein privates Motorfahrzeug verzichten und Raumwärme und Warmwasser mittels Wärmepumpen erzeugen würden?

Wie die neueste Studie des BFS "Fahrleistungen und Fahrzeugbewegungen im Personenverkehr" aufzeigt, betrug die Distanz, die von privaten Personenwagen im Jahr 2019 zurückgelegt wurde, 59,8 Milliarden km. (Der Einfachheit halber ignoriere ich Motorräder und Motorfahrräder, die nicht gross ins Gewicht fallen.)

Ungefähr 93,2% dieser Fahrleistung hatten wohl nichts mit der Arbeit zu tun (gemäss der BFS Studie «Mobilität in der Schweiz, Ergebnisse des Mikrozensus Mobilität und Verkehr 2010» Neuchâtel und Bern».

Der durchschnittliche Verbrauch von mit Benzin betriebenen Fahrzeugen im Jahr 2019 war 6,4 l/100 km und der von Diesel-betriebenen Fahrzeugen 5,7 l/100 km[6].

26,7% der Fahrzeuge fuhren mit Diesel, und 67,3% mit Benzin. Der Anteil der elektrischen Fahrzeuge (inklusive Hybride aller Art) war 5.6%.

Aus diesen Daten lässt sich grob abschätzen, dass der Verbrauch von Benzin insgesamt $5,98 \times 10^{10}$ km x 0,673 x 6,4 x 10^{-2} l/km = $2,6 \times 10^{9}$ l betrug. Der Verbrauch von Diesel berechnet sich auf $5,98 \times 10^{10}$ km x 0,267 x 5,7 x 10^{-2} l km = $9,1 \times 10^{8}$ l.

Die «Schweizerische Gesamtenergiestatistik 2019» des Bundesamtes für Energie (BFE)[7] zeigt auf, dass der Gesamtverbrauch von Benzin 2,282 Millionen t = 2,282 x 10^{9} kg / 0,748 kg/l = $3,05 \times 10^{9}$ l betrug im Jahr 2019, und der Verbrauch von Diesel 2,699 Millionen t = 2,699 x 10^{9} kg / 0,832 kg/l = $3,24 \times 10^{9}$ l.

Aufgrund dieser Zahlen sollte ein Verzicht auf private Personenwagen den Verbrauch von Benzin um etwa 85% reduzieren und den von Diesel um etwa 28%. Insgesamt könnte der Verbrauch von fossilen Treibstoffen mit einem Energieinhalt von etwa 32,0 TWh verhindert werden. *Die Gesamtmenge von fossiler Energie (Erdölprodukte und Erdgas), die in der Schweiz im Jahr 2019 verbraucht wurde, betrug 145 TWh.* Obwohl dies schwierig zu beziffern ist, würde ein Verzicht auf private Flugreisen den Verbrauch von Flugtreibstoffen dramatisch senken. Der Verbrauch von Flugtreibstoffen in 2019 belief sich auf 1'877'000 t, was einer Energiemenge von etwa 22,5 TWh oder ungefähr der von allen schweizerischen Kernkraftwerken produzierten elektrischen Energie entspricht.

Die Schweizerische Gesamtenergiestatistik 2019[7] weist aus, dass Haushalte Erdölprodukte mit einem Energieinhalt von 66'740 TJ (in der Hauptsache Heizöl) und Erdgas mit einem Energieinhalt von 47'730 TJ verbrauchten. Diese fossile Energie wurde grösstenteils für die Erzeugung von Raumwärme und Warmwasser verwendet. Wenn alle Haushalte ihre Raumwärme und ihr Warmwasser mittels Wärmepumpen erzeugen würden, dann könnten fossile Brennstoffe mit einem Energieinhalt von 31,8 TWh eingespart werden. Dies hätte eine substantielle Reduktion der Treibhausgasemissionen zur Folge.

Leider hätte die Umstellung auf Wärmepumpensysteme auch eine Kehrseite. Nehmen wir an, dass Wärmepumpen mit einem mittleren «coefficient of performance» (COP; Verhältnis der erzeugten Wärme oder Kälte und der eingesetzten Energie; Q_H/W) von 3,0 arbeiteten, dann würde die Wärmeerzeugung mittels Wärmepumpen etwa 11 TWh elektrischer Energie verschlingen. Dies ist etwa so viel wie das Kernkraftwerk

Leibstatt maximal erzeugen kann, das grösste unserer Kernkraftwerke. Gegenwärtig ist unser Land nicht in der Lage, die zusätzliche Menge an Elektrizität zu produzieren, die für eine Umstellung aller Haushalte auf Wärmepumpensysteme benötigt würde.

Der menschengemachte Klimawandel und die Notwendigkeit, CO_2 Emissionen zu verringern, werden bis zum Überdruss und mit beinahe religiösem Eifer sowohl in Radio- und Fernsehprogrammen als auch in der gedruckten Presse diskutiert. Es darf angenommen werden, dass sich die meisten Menschen des Problems bewusst geworden sind. Offensichtlich ist aber nur eine Minderheit dazu bereit, einen bescheideneren Lebensstil zu praktizieren. Ein krasses Beispiel dafür sind die spritfressenden SUVs. Im ersten Halbjahr 2019 machten sie unglaubliche 42% der neuzugelassenen Personenfahrzeuge aus ("20 Minuten Zürich", August 20, 2019). Tendenz steigend. Einen ähnlichen Eindruck vermitteln Resultate von Volksabstimmungen. Eine Volksinitiative, die den Endverbrauch von nicht erneuerbarer Energie mit 0,1-0,3 Rappen pro kWh besteuern und den Erlös hauptsächlich für die Förderung der Solarenergienutzung einsetzen wollte, wurde im

Herbst 2000 von fast 70% aller Stimmenden und allen Ständen abgelehnt. Natürlich wissen wir nicht wirklich, ob die Stimmbürger nicht bereit waren, Geld auszugeben für den Energiewandel, oder ob ein Mangel an Vertrauen in die Wirksamkeit der Gesetzgebung ausschlaggebend war. Ob die eine oder die andere Erwägung dominierte, macht eigentlich keinen grossen Unterschied: nur der Staat verfügt über genügend Mittel, um eine Strategie schweizweit zu unterstützen. Letztes Jahr verwarfen die Stimmbürger auch die Vorlage zum revidierten CO_2 Gesetz. Das Gesetz hätte zu höheren Energiepreisen geführt und den Immobiliensektor zu weiteren Investitionen (z.B. in den Einbau von energieeffizienten Heizsystemen) verpflichtet. Auf der anderen Seite zeigen die steigenden Verkaufszahlen von elektrischen Fahrzeugen, dass ein kleines Segment der Bevölkerung durchaus bereit ist, Geld auszugeben für die «Rettung des Planeten». Die Ironie dabei ist, dass wir nicht in der Lage sind, den für den Betrieb einer elektrischen Fahrzeugflotte notwendigen Strom zu produzieren. Die Batterien der Fahrzeuge würden mit Strom aus anderen Ländern wie etwa Deutschland aufgeladen. Deutschland produziert immer noch einen grossen Teil seiner Elektrizität mit Kraftwerken, die mit fossilen Brennstoffen betrieben werden. Ein geradezu komisches Beispiel für die herrschende «Zurückhaltung»: ein junger Mann, der neulich an einer Demonstration der Klimastreikbewegung teilnahm, wurde von einem Reporter gefragt, ob er bereit sei, selbst zum Energiesparen beizutragen und auf seine Sommerferien auf Bali oder in der Karibik zu verzichten. Der junge Mann erklärte entrüstet, dass diese Frage überhaupt nicht relevant sei für seine gegenwärtige Mission. Er habe an der Demonstration teilgenommen, um mitzuhelfen, die Bevölkerung von der Dringlichkeit der Rettung des Planeten zu überzeugen.

Die Schweiz ist eine direkte Demokratie. Politische Gruppen oder sogar Einzelpersonen, versehen mit der notwendigen Anzahl Wählerunterschriften, sind in der Lage eine Verfassungsinitiative einzureichen. Vielleicht noch wichtiger ist das Referendumsrecht, das es einem kleinen Segment der Stimmbevölkerung erlaubt, eine Volksabstimmung über ein neu beschlossenes Gesetz zu erzwingen. Dieses Recht garantiert beinahe, dass ein neues Gesetz, das die Geldbeutel oder den Lebensstil der Stimmbürger belasten könnte, umgehend versenkt wird. Das Schicksal des erwähnten revidierten CO_2 Gesetzes von 2021 zeigt, dass eine Mehrheit der Bevölkerung auch heute noch nicht willens ist, Abstriche in ihrem Lebensstil hinzunehmen, auf jeden Fall nicht in der Abwesenheit von schmerzhaften Ereignissen wie z.B. gravierenden Stromausfällen oder Unterbrüchen in der Versorgung mit Erdgas oder Öl.

3. Die «Elektrifizierung von allem» und deren Strombedarf

Gegenwärtig erscheint eine «Elektrifizierung von allem» der einzig gangbare Weg zu sein, um von den fossilen Energieträgern wegzukommen. In diesem Kapitel versuche ich die Grössenordnung des Ausbaus der Stromproduktion abzuschätzen, die für eine «Elektrifizierung von allem» notwendig wäre.

Wie könnte unser Land sein Reduktionsziel (Netto Null Treibhausgasemissionen bis 2050) auch ohne Einschränkungen in der Lebensweise der Menschen erreichen? Der einzige gangbare Weg erscheint eine Elektrifizierung aller Prozesse zu sein, die heute mit fossilen Treib- oder Brennstoffen alimentiert werden. Dies würde voraussetzen, dass die Stromproduktion massiv erhöht wird. Vielleicht werden Sie einwenden, dass es

Alternativen gäbe zu einer «Elektrifizierung von allem». Der Strassenverkehr bräuchte nicht unbedingt vollständig auf Strom umgestellt werden. Fahrzeuge könnten mit Wasserstoff, synthetischem Methan, Methanol oder Biokraftstoff fahren. Sie hätten recht. Allerdings, die Herstellung von Wasserstoff, synthetischem Methan oder Methanol beruht auf der Elektrolyse von Wasser, ein elektrisch angetriebener Prozess. Ich hoffe, dass Biokraftstoffe keine bedeutende Rolle spielen werden. Deren Herstellung beansprucht Agrarflächen oder führt zu Rodungen, und resultiert in nicht vernachlässigbaren Treibhausgasemissionen. Dies hätte also auch eine weitere Auslandabhängigkeit zur Folge.

Wieviel Elektrizität müsste zusätzlich zur gegenwärtigen Produktion und Winterimporten generiert werden (unter Verwendung der zurzeit in Betracht gezogenen Technologien oder Technologien, die bald zur Verfügung stehen sollten)?

1. Ersatz des Stroms der z.Z. von Kernkraftwerken und mit fossiler Energie betriebenen Kraftwerken geliefert wird. Die Schweiz hat 2016 beschlossen auf neue Kernkraftwerke zu verzichten. Die bestehenden Kernkraftwerke sollen solange weiterbtrieben werden als

deren Sicherheit dies erlaubt. Der Strom aus diesen Kraftwerken sowie aus Kraftwerken, die fossile Brennstoffe verfeuern, müsste mindestens mittelfristig ersetzt werden. Das würde bedeuten, dass zusätzliche *24,5 TWh* Elektrizität alternativ produziert werden müssten.

2. Strassenverkehr*: alle mit Benzin oder Diesel betriebenen Fahrzeuge würden durch Batterie-elektrische Fahrzeuge ersetzt. (Dies ist eine erste Approximation. Eine Elektrisierung des Schwerverkehrs wäre möglicherweise so nicht machbar**.) Ich nehme an, dass Batterie-elektrische Fahrzeuge etwa 3,5-mal energieeffizienter sind im Betrieb als Benziner oder Dieselfahrzeuge[1]. Die Umstellung des Strassenverkehrs auf solche elektrischen Fahrzeuge würde einen zusätzlichen Strombedarf von *17 TWh* zur Folge haben[1].

*Ich klammere hier den Flugverkehr aus, da es derzeit noch unklar ist, wie dieser Verkehr in der Zukunft alimentiert werden soll. Hoffentlich nicht mit importierten Biokraftstoffen.

**Noch mehr zusätzlicher Strom wäre notwendig, wenn schwere Fahrzeuge z.B. mit Wasserstoff betrieben würden. Mit einer «roundtrip efficiency» (Effizienz der Umwandlung von Strom zu Wasserstoff und von Wasserstoff zurück zu Strom) von etwa 48% und Verlusten für Komprimierung/Verflüssigung würde sich der Energieaufwand für diesen Verkehr mehr als verdoppeln. Wenn über Wasserstoff hergestellte synthetische Treibstoffe verwendet würden, wäre der Aufwand noch grösser, insbesondere wenn solche Treibstoffe in konventionellen Motoren verbrannt würden.

3. Erzeugung von Raumwärme und Warmwasser: alle Heizsysteme, die Heizöl oder Erdgas verbrennen, würden durch Wärmepumpenheizsysteme ersetzt. Ich nehme konservativ an, dass die letzteren Systeme einen durchschnittlichen COP von etwa 3,0 erreichen dürften. In 2019 belief sich der Verbrauch (in Energieeinheiten) von Heizöl und Erdgas für Heizzwecke auf 114'470 TJ in den Haushalten, 56'020 TJ im Dienstleistungssektor und ungefähr 9'010 TJ in der Industrie (Referenz 1, s. Seite 54), insgesamt 179'500 TJ oder 49,9 TWh. Der zusätzliche Strombedarf eines Umbaus auf energieeffiziente Heizsysteme wäre also etwa *17 TWh*.

4. Industrie, Prozesswärme: der Verbrauch 2019 von Erdölprodukten und Erdgas war ungefähr 12,0 TWh (Verbrauch für Heizzwecke ausgenommen). Ich nehme vereinfachend an, dass sich die betroffenen Prozesse ohne Effizienzverluste durch elektrisch betriebene

Prozesse ersetzen lassen werden. Es würden also *12,0 TWh* an zusätzlicher Elektrizität benötigt.

Insgesamt müssten etwa *70 TWh* zusätzlicher Strom produziert werden. Wenn auch die Winterimporte kompensiert werden müssten, wären dies insgesamt etwa 75 TWh. Die schweizerische Gesamtproduktion 2019 belief sich auf 71.9 TWh. Die Stromproduktion müsste also mehr als verdoppelt werden. Nicht berücksichtigt in dieser Abschätzung sind die Auswirkungen saisonaler Effekte, mögliche zukünftige Effizienzgewinne und Bevölkerungswachstum.

Die meisten Verbrauchs- und Produktionsdaten, die ich hier verwendet habe, stammen aus der Schweizerischen Gesamtenergiestatistik 2019[7], der Schweizerischen Elektrizitätsstatistik 2019[8] und der «Analyse des schweizerischen Energieverbrauchs 2000–2019 nach Verwendungszwecken»[9]. Ich verweise auch auf unsere frühere Arbeit[1].

4. Grüne Energien, d.h. Sonneneinstrahlung, Wind usw.

5. Februar 2022

Bei der in der Schweiz verfügbaren grünen Energie wird es sich hauptsächlich um Sonneneinstrahlung handeln, aus welcher mittels Photovoltaik Strom erzeugt wird. Ich versuche hier herauszuarbeiten, welcher Aufwand betrieben werden müsste, um die zusätzlich benötigte Strommenge zu produzieren. Mein Fazit: dieser grüne Ansatz ist vollkommen unrealistisch.

Gemäss der gegenwärtig verfolgten Strategie sollen fossile Energien mit grünen Energien (Wasserkraft, Wind, Sonneneinstrahlung, Umweltwärme inklusive untiefe Geothermie und Biomasse) ersetzt werden.

Biomasse (Holz und organische Abfälle) leistet einen signifikanten aber relativ bescheidenen Beitrag zum schweizerischen Energiemix. Sie wird hauptsächlich zur Wärmeproduktion verwendet. Die «Energiestrategie 2050» sieht den Bau von 800-900 Windturbinen vor. Bis 2019 wurden bloss 37 Windturbinen installiert[10]. Und diese Windturbinen erbrachten eine Leistung, die etwa 22% der Nominalleistung entsprach. Windstrom ist äusserst variabel. Wenn wir auf diesen Strom angewiesen wären, dann müssten wir geeignete Backup Kraftwerke betreiben (Gasturbinenkraftwerke). Windturbinenprojekte sind noch immer unpopulär in der Schweiz. Es scheint unwahrscheinlich, dass Windkraft je eine bedeutende Rolle spielen wird. Die Wasserkraft ist gut ausgebaut und hatte 2019 einen Anteil von etwa 56% an der Gesamtelektrizitätsproduktion. Ein Grossausbau ist nicht zu erwarten.

Die zusätzliche Elektrizität müsste also hauptsächlich von neu zu installierenden Photovoltaikanlagen kommen. Die Photovoltaik ist mit drei inhärenten Nachteilen behaftet. Erstens ist die Energiedichte von Sonneneinstrahlung viel geringer als diejenige von fossilen Kraftstoffen. Dies bedeutet, dass Photovoltaikanlagen einen riesigen Flächenbedarf haben. Die Herstellung der photovoltaischen Module und der weiteren notwendigen Komponenten und der Aufbau der Anlagen sowie deren regelmässige Erneuerung oder Ersatz verschlingen grosse Mengen an grauer Energie (und Materialien und Kapital). Zweitens weist die photovoltaische Produktion einen ungünstigen Tagesverlauf auf. Die weitaus grösste Menge an Elektrizität wird während 4-6 Stunden generiert. Elektrizität wird aber während 24 Stunden verbraucht. Heute ist das noch kein grosses Problem, da der photovoltaische Strom noch keinen grossen Anteil am Strommix ausmacht und Schwankungen ausgeglichen werden können. Wenn dereinst ein grosser Teil des Stroms photovoltaisch produziert wird, dann wird der ungünstige Tagesverlauf extrem wichtig. Wir benötigen den Photovoltaikstrom Tag und Nacht. Der Verlauf der Tagesproduktion muss verflacht werden durch kurzfristige Speicherung von Spitzenstrom. Die entstehenden Speicherverluste haben eine gewisse Überdimensionierung der Photovoltaikanlagen zur Folge. Drittens ist die Sonneneinstrahlung variabel. Aus diesem Grund müssen Photovoltaikanlagen weiter überdimensioniert werden. Eine zusätzliche Herausforderung ist die Saisonalität der Sonneneinstrahlung. Im schweizerischen Mittelland liefern Photovoltaikanlagen etwa 73% der jährlichen Energiemenge im Sommerhalbjahr (April bis September) und bloss etwa 27% im Winterhalbjahr. Ein elektrisch betriebener Verkehr dürfte einen übers Jahr mehr oder weniger konstanten Energiebedarf haben. Wenn Sommer- und Winterproduktion der Photovoltaikanlagen die diesen Bedarf befriedigen sollen nicht durch

Speicherung ausgeglichen werden können, dann müssten Anlagen mit einer etwa 85% grösseren Gesamtleistung als effektiv notwendig (übers ganze Jahr gesehen) gebaut werden. Etwa 92,5% der für Raumwärme und Warmwasserzubereitung mittels Wärmepumpen benötigten Elektrizität würde im Winterhalbjahr verbraucht. Die Gesamtleistung der dafür eingesetzten Photovoltaikanlagen müsste etwa 243% grösser sein als effektiv notwendig. Diese Überdimensionierung der Anlagen könnte verringert werden durch Speicherung der überschüssigen Sommerelektrizität für den Winterverbrauch. Die sogenannten «power-to-gas» (P2G) Technologien scheinen derzeit die einzigen Technologien zu sein, die sich für eine einigermassen vernünftige saisonale Stromspeicherung eignen würden. In der «einfachsten» dieser Technologien würde überschüssiger Sommerstrom aus Photovoltaikanlagen zur elektrolytischen Herstellung von Wasserstoff eingesetzt. Dieser Wasserstoff würde dann gespeichert. Ein Teil der im Wasserstoff gebundenen Energie könnte dann im Winterhalbjahr mit Hilfe von Brennstoffzellen als Elektrizität zurückgewonnen werden. In unserer früheren Publikation haben wir angenommen, dass eine «roundtrip efficiency» (Effizienz der Umwandlung von Strom zu Wasserstoff und von Wasserstoff zurück zu Strom) von etwa 48% erreicht werden könnte[1]. Mit anderen Worten, etwa die Hälfte der eingesetzten Elektrizitätsmenge ginge im Speicherungsprozess verloren. Wasserstoff würde wohl in komprimierter oder flüssiger (tiefgekühlter) Form gespeichert werden. Die Effizienzen der Komprimierung und der Verflüssigung sind, respektive, etwa 85% und 80%[1].

Es ist erwähnenswert, dass P2G Technologien noch nicht ausreichend ausgereift sind. Fragen zur Sicherheit sind noch zu klären. Auch fehlt Erfahrung mit der Speicherung von grösseren Volumen von komprimiertem Wasserstoff. Wie bereits früher aufgezeigt, ist schon die Speicherung von flüssigem Wasserstoff für eine Wasserstoff-unterstützte Mobilität ziemlich unrealistisch[1]. Die NASA verfügt über die grössten je gebauten Tanks für flüssigen Wasserstoff. Diese Tanks halten 250 t Wasserstoff (3,52 Millionen l). Wir rechneten aus, dass etwa 545 solcher Tanks benötigt würden. Unter dem Begriff «Wasserstoff-unterstützte Mobilität» verstanden wir eine Mobilität, welche auf einer Flotte von Batterie-elektrischen Fahrzeugen beruht, die im Winterhalbjahr wahlweise mit

Wasserstoff oder Batteriestrom betrieben werden könnten (die also auch einen Tank für flüssigen (oder komprimierten) Wasserstoff und Brennstoffzellen zur Stromerzeugung besitzen würden).

Wie bereits erwähnt betrifft die Saisonalität der photovoltaischen Stromproduktion im Mittelland realisierte Anlagen. Das Problem kann umgangen werden, indem Anlagen im alpinen Raum installiert werden.

Versuchen wir uns eine Vorstellung davon zu machen, welche Gesamtfläche mit Photovoltaik bedeckt werden müsste, um zuverlässig die benötigte zusätzliche Strommenge von 70 TWh (Kompensation von Winterimporten nicht berücksichtigt) zu erzeugen.

In einem ersten Szenario nehme ich an, dass im schweizerischen Mittelland installierte Photovoltaikanlagen so überdimensioniert würden, dass sie auch den benötigten Winterstrom produzieren könnten.

1. Ersatz der von Kernkraftwerken erzeugten Elektrizität und Elektrizität aus fossil alimentierten Kraftwerken: 24,5 TWh. Diese Kraftwerke liefern Bandenergie. Ich nehme

deshalb an, dass 50% der produzierten Elektrizität im Sommerhalbjahr und die restlichen 50% im Winterhalbjahr verbraucht werden. Wie bereits erwähnt, erzeugen Photovoltaik Module im schweizerischen Mittelland 73% ihrer Jahresmenge im Sommerhalbjahr und nur 27% im Winterhalbjahr. Deshalb müsste die Gesamtleistung der Anlagen um den Faktor 50/27 = 1,8 vergrössert werden. Ich verwende einen zusätzlichen Kompensationsfaktor von 1,5. Dieser Faktor berücksichtigt die kurzfristige Speicherung eines Grossteils der photovoltaisch erzeugten Elektrizität zum Ausgleich des Tagesverlaufs der Produktion und von wetterbedingten Schwankungen. Ich nahm an, dass diese Speicherung über Pumpspeicherkraftwerke (20% Speicherverlust) oder ähnlich effiziente Speicherlösungen (wenn solche dereinst verfügbar sein sollten) erfolgen wird. Der Faktor kompensiert auch längerfristige Schwankungen in der Sonneneinstrahlung. Eine Reduktion gegenüber dem Mittelwert von bis zu 20% ist denkbar. Es ist erwähnenswert, dass die Gesamtpumpleistung der bestehenden schweizerischen Pumpspeicherwerke (3,3 GW) mindestens um einen Faktor 5 zu klein ist, um die kurzfristige Speicherung, die mit der Produktion on 70 TWh Photovoltaikstrom einhergehen würde, bewältigen zu können. Bestehende Kraftwerke müssten ausgebaut und neue erstellt werden, was sowohl die Kapitalkosten als auch die energetischen Kosten (und CO_2 Emissionen) der grünen Energiewende nochmals kräftig erhöhen würde. Es wurde vorgeschlagen, dass die Batterien von elektrischen Fahrzeugen als Speicher genutzt werden könnten. Leider ist dies ziemlich realitätsfremd: selbst wenn alle 4,7 Millionen in der Schweiz registrierten Personenwagen elektrische Fahrzeuge wären, wäre deren Speicherkapazität um mindestens zwei Grössenordnungen zu klein. Ein Kompensationsfaktor von 1,5 wäre ungenügend, wenn Speichertechnologien wie die P2G Technologien eingesetzt würden.

Die überdimensionierten Photovoltaikanlagen müssten also die folgende Strommenge (für den Ersatz von Kernkraftwerken und konventionellen Kraftwerken) produzieren können:

24,5 TWh x 1,85 x 1,5 = *68 TWh*.

2. Mobilität (Batterie-elektrisch): 16,9 TWh. Rechnung wie unter 1:

16,9 TWh x 1,85 x 1,5 = *47 TWh*

3. Raumwärme und Warmwasser (Wärmepumpen-anlagen): 16,6 TWh. Wie ebenfalls weiter oben erwähnt, würden 92,5% der für Raumwärme und Warmwasser aufgewendeten Elektrizität im Winterhalbjahr verbraucht[1]. Eine Überdimensionierung der Anlagen von 92,5/27 = 3,43 wäre notwendig:

16,6 TWh x 3,43 x 1,5 = *85 TWh*

4. Industrie, Prozesswärme: 12,0 TWh. Rechnung wie unter 1.

12,0 x 1,85 x 1,5 = *33 TWh*

Insgesamt müssten die Photovoltaikanlagen in der Lage sein, eine Elektrizitätsmenge von etwa *230 TWh* zu erzeugen. Ein Photovoltaik Modul von 1 m^2 liefert etwa 150 kWh Strom pro Jahr im schweizerischen Mittelland[1]. Demzufolge wäre die Photovoltaikfläche, welche die benötigte Strommenge zuverlässig produzieren könnte, etwa

233×10^9 kWh / 150 kWh/m^2 = 1.55×10^9 m^2 = *1'600 km²*

gross. Die Gesamtfläche auf Gebäuden (Dächer und Fassaden), die für die Photovoltaik geeignet wäre, beträgt etwa 202 km^2 (basierend auf einer neueren Studie von

Walch et al. (2020)[11] and auf Schätzungen des BFE bezüglich der benutzbaren Fassadenflächen). Wenn alle diese Gebäudeoberflächen mit Photovoltaik bedeckt würden, könnte eine Elektrizitätsmenge von etwa 20 TWh verlässlich produziert werden. Können Sie sich den hässlichen Anblick vorstellen? Selbst damit bräuchten wir noch eine zusätzliche Photovoltaikfläche von

$$1'550 \text{ km}^2 - 202 \text{ km}^2 = 1'300 \text{ km}^2.$$

Diese Fläche entspricht beinahe derjenigen des schweizerischen Kantons Aargau, oder etwa 2,2-mal derjenigen des ganzen Genfersees. Ein Projekt dieser Grössenordnung ist offensichtlich absurd. Diese Einschätzung bestätigt sich, wenn man die graue Energie bedenkt, die in die Herstellung und Installation der benötigten Anlagen investiert werden müsste. Gemäss neueren Schätzungen ist der Energieaufwand für installierte Photovoltaiksysteme etwa 1'380 kWh/m^2 (präsentiert in Ferroni und Hopkirk (2016)[12]). Mit anderen Worten, die Energiebilanz der Systeme, deren durchschnittliche Nutzungsdauer etwa 20 Jahre beträgt, ist erst nach 9 Jahren positiv. Der Energieaufwand für 1'550 km^2 Photovoltaik wäre

$1{,}55 \times 10^9 \ m^2 \times 1{,}38 \times 10^3 \ kWh/m^2 = 2{,}1 \times 10^{12} \ kWh = $ *2'100 TWh.*

Der *Gesamtenergieverbrauch der Schweiz 2019* (inklusive fossile Energie) belief sich auf 8.34×10^5 TJ oder *232 TWh. Der Energieaufwand für die Herstellung und Installation der benötigten Photovoltaikanlagen wäre also 9,2-mal grösser als der jährliche Landesverbrauch.*

Die Kosten einer Photovoltaikanlage belaufen sich nach neueren Schätzungen auf 1,5-3,0 Franken/kWh (2,25 Franken/kWh im Durchschnitt)[13]. Die benötigten Photovoltaiksysteme würden demnach

$2{,}33 \times 10^{11}$ kWh x 2,25 Franken/kWh = *500 Milliarden Franken (etwa 60'000 Franken pro Einwohner oder über 100'000 Franken pro durchschnittlicher Haushalt)*

kosten. Wenn diese Systeme über einen Zeitraum von 20 Jahren installiert würden, dann kämen die jährlichen Kosten für den Ersatz von alternden Anlagen ab dem 21. Jahr auf *etwa 30 Milliarden Franken (etwa 3'000 Franken pro Einwohner der 7'000 Franken pro Haushalt).*

Es darf bezweifelt werden, ob auch nur ein Teil der Module und Zubehör beschafft werden könnte. Etwa 85%

des Photovoltaik-tauglichen Polysilikons werden in China hergestellt.

In einem zweiten Szenario nehme ich an, dass überschüssiger photovoltaischer Sommerstrom aus dem Schweizer Mittelland für die elektrolytische Herstellung von Wasserstoff eingesetzt würde. Der Wasserstoff würde in flüssiger Form gespeichert und würde im Winterhalbjahr Geräte, Maschinen, Fahrzeuge usw. alimentieren, die imstande wären nicht nur Elektrizität sondern auch Wasserstoff als Energiequelle zu verwenden. Das Szenario könnte natürlich nur funktionieren, wenn die notwendige Speicherkapazität für den flüssigen Wasserstoff bereitgestellt werden könnte.

1. Ersatz der von Kernkraftwerken erzeugten Elektrizität und Elektrizität aus fossil alimentierten Kraftwerken: 24,5 TWh.

E_1: jährliche Strommenge die tatsächlich produziert werden müsste; E: E_1 plus Kompensationsfaktor = 1,5; E_0: jährliche Strommenge die zu ersetzen wäre bzw. zusätzlich benötigt würde = $2,45 \times 10^{10}$ kWh.

$$0,5 \times E_0{}^{[a]} = (0,73 \times E_1 - 0,5 \times E_0)^{[b]} \times 0,48^{[c]} \times 0,80^{[d]} + 0,27 \times E1^{[e]}$$

[a] Elektrizität benötigt im Winterhalbjahr

[b] Überschüssige Sommerstromproduktion der Photovoltaikanlagen

[c] Roundtrip efficiency (Elektrizität zu Wasserstoff und zurück zu Elektrizität)

[d] Effizienz der Speicherung von flüssigem Wasserstoff

[e] Photovoltaischer Strom produziert im Winterhalbjahr

$E_1 = {} = 3{,}08 \times 10^{10}$ kWh; $E = 4{,}62 \times 10^{10}$ kWh $= 46\ TWh$.

2. Mobilität: $E_0 = 16{,}9$ TWh. Berechnung wie unter 1.

$E_1 = 2{,}13 \times 10^{10}$ kWh; $E = 3{,}20 \times 10^{10}$ kWh $= 32{,}0\ TWh$.

3. Raumwärme und Warmwasser: $E_0 = 16{,}6$ TWh. Anteil der im Winterhalbjahr benötigten Strommenge: 92,5%.

$0{,}925 \times E_0 = (0{,}73 \times E_1 - 0{,}075 \times E_0) \times 0{,}48 \times 0{,}8 + 0{,}27 \times E1$

$E_1 = 2{,}88 \times 10^{10}$ kWh; $E = 4{,}32 \times 10^{10}$ kWh $= 43\ TWh$.

4. Industrie, Prozesswärme: $E_0 = 12{,}0$ TWh. Berechnung wie unter 1.

$E_1 = 1{,}51 \times 10^{10}$ kWh; $E = 2{,}26 \times 10^{10}$ kWh $= 23\ TWh$.

Insgesamt müssten die Photovoltaikanlagen in der Lage sein etwa *140 TWh* Elektrizität zu produzieren. Die dafür benötigte Photovoltaikfläche wäre

$$144 \times 10^9 \text{ kWh} / 150 \text{ kWh/m}^2 = 0{,}96 \times 10^9 \text{ m}^2 = 960 \text{ km}^2.$$

Zusätzlich zu allen geeigneten Gebäudeoberflächen müsste noch eine Fläche von etwa

$$960 \text{ km}^2 - 202 \text{ km}^2 = 760 \text{ km}^2$$

mit Photovoltaik zugedeckt werden. *Dies entspräche beinahe der Fläche des schweizerischen Kantons Solothurn oder etwa 1,3-mal der Fläche des Genfersees.*

Die Investition von grauer Energie betrüge

$$0{,}96 \times 10^9 \text{ m}^2 \times 1{,}38 \times 10^3 \text{ kWh/m}^2 = 1{,}32 \times 10^{12} \text{ kWh} = 1'300 \text{ TWh},$$

was etwa 5,7-mal dem schweizerischen Gesamtenergieverbrauch von 2019 gleichkäme.

Das Preisschild der Photovoltaikanlagen allein wäre

$$1{,}44 \times 10^{11} \text{ kWh} \times 2{,}25 \text{ Franken/kWh} = 300 \text{ Milliarden Franken}$$

(oder *etwa 40'000 Franken pro Einwohner*), und die jährlichen Ersatzkosten (definiert weiter oben) beliefen sich auf etwa *20 Milliarden Franken* (oder *etwa 2'000 Franken pro Einwohner*). Zusätzlich zu berücksichtigen wären die Kosten für Elektrolyseanlagen, Anlagen zur Verflüssigung von Wasserstoff und dessen Speicherung, Transportinfrastruktur zur Verteilung des flüssigen Wasserstoffs, und neue Geräte und Fahrzeuge, die wahlweise elektrisch oder mit Wasserstoff betrieben werden könnten.

Die überschüssige Sommerenergiemenge, die in der Form von Wasserstoff fürs Winterhalbjahr gespeichert werden müsste, beliefe sich auf:

1. Ersatz der von Kernkraftwerken erzeugten Elektrizität und Elektrizität aus fossil alimentierten Kraftwerken:

$(0,73 \times E_1 - 0,5 \times E_0) = 10\ TWh$

2. Mobilität: $(0,73 \times E_1 - 0,5 \times E_0) = 7,1\ TWh$

3. Raumwärme und Warmwasser: $(0,73 \times E_1 - 0,075 \times E_0) = 20\ TWh$

4. Industrie, Prozesswärme: $(0,73 \times E_1 - 0,5 \times E_0) = 5,0\ TWh$

Total: $42\ TWh$.

Das Gewicht des zu speichernden flüssigen Wasserstoffs betrüge (ohne Berücksichtigung der für die Verflüssigung aufzuwendenden Energiemenge)

42,2 x 10^9 kWh x 0,80 (Effizienz Elektrolyse) / 33,3 kWh/kg (Energiedichte) = 1,01 x 10^9 kg = *1,0 x 10^6 t.*

Ein NASA Tank für flüssigen Wasserstoff hält 250 t. *Ungefähr 4'000 solcher Riesentanks müssten aufgestellt werden, um die benötigte Menge an Flüssigwasserstoff (bei -253^{0}C) zu speichern.* Ein solch monumentales Vorhaben könnte mit an Sicherheit grenzender Wahrscheinlichkeit nicht realisiert werden. An eine Speicherung in komprimierter Form im grossen Massstab ist derzeit aus technischen Gründen nicht zu denken.

In einem dritten Szenario nehme ich an, dass alle zu installierenden Photovoltaiksysteme in alpinen Regionen platziert würden. Beobachtungen in Davos (Elevation: 1'560 m) über eine 3-jährige Periode ergaben, dass die Module an diesem Standort etwa 1,63-mal mehr Strom produzierten als an einem typischen Standort im Mittelland (Wädenswil; Elevation: 407 m)[14]. 48% dieser Elektrizität fiel im Winterhalbjahr an. Wieviel Photovoltaik bräuchte es unter diesem Szenario, um die benötigte zusätzliche Elektrizität zu erzeugen?

1. Ersatz der von Kernkraftwerken erzeugten Elektrizität und Elektrizität aus fossil alimentierten Kraftwerken: 24,5 TWh. Ein Faktor von 1,04 trägt der Tatsache Rechnung,

dass «bloss» 48% der Elektrizität im Winterhalbjahr anfällt. Wie zuvor, verwende ich einen Kompensationsfaktor von 1,5.

Die zu installierende Photovoltaik sollte so dimensioniert sein, dass sie die folgende Strommenge erzeugen könnte:

24,5 TWh x 1,04 x 1,5 = *38 TWh*

2. Mobilität: 16,9 TWh. Berechnung wie unter 1.

16,9 TWh x 1,04 x 1,5 = *26 TWh*

3. Raumwärme und Warmwasser: 16,6 TWh

92,5% dieser Energiemenge würde im Winterhalbjahr verbraucht. Deshalb müssten die Photovoltaikanlagen um einen Faktor von 92,5/48 = 1,93 überdimensioniert sein.

16,6 TWh x 1,93 x 1,5 = *48 TWh*

4. Industrie, Prozesswärme: 12,0 TWh. Berechnung wie unter 1.

12,0 x 1,04 x 1,5 = *19 TWh*

Insgesamt müssten die Anlagen etwa *130 TWh* Elektrizität produzieren können. Ein Modul von 1 m^2 gibt 1,63 x 150 kWh pro Jahr her. Die benötigte Photovoltaikfläche wäre also

131×10^9 kWh / 244 kWh/m^2 = 5,37 $\times 10^8$ m^2 = *540 km^2*

gross. *Der Platzbedarf für die photovoltaischen Anlagen wird von Terrain und Aufstellwinkel abhängen. Ich nehme an, dass sie mindestens 540 km^2 in Anspruch nehmen würden.*

Die graue Energie, die investiert werden müsste, wäre

$0,537 \times 10^9$ m^2 x 1,38 $\times 10^3$ kWh/m^2 = $0,741 \times 10^{12}$ kWh = *740 TWh.*

Dies wäre 3,2-mal der Gesamtenergieverbrauch 2019 des Landes.

Die Kosten für die Photovoltaik wären

$1,31 \times 10^{11}$ kWh x 2,25 Franken/kWh = *300 Milliarden Franken (etwa 30'000 Franken pro Kopf). Diese Summe ist etwa 4-mal grösser als die jährlichen Gesamteinnahmen des Bundes oder etwa 10-mal grösser als die jährlichen Einnahmen aus der direkten Bundessteuer.*

Die Kosten wären möglicherweise noch höher, wenn man berücksichtigt, dass in alpinen Regionen gebaut würde. Wenn die Photovoltaik über einen Zeitraum von 20 Jahren installiert würde, dann würden ab dem 21. Jahr *jährliche*

Ersatzkosten von über 10 Milliarden Franken anfallen (*etwa 2'000 Franken pro Einwohner*).

Obwohl die Zahlen für das letztere (dritte) Szenario kleiner sind als diejenigen für das erste Szenario, sind sie immer noch unglaublich hoch. Ausserdem, auf die Kurzzeitspeicherung von photovoltaischem Strom, idealerweise mittels Pumpspeicherwerke, könnte nicht verzichtet werden. Bestehende Pumpspeicherwerke müssten ausgebaut und neue müssten erstellt werden. Die damit verbundenen Kosten dürften den zweistelligen Milliarden Franken Bereich erreichen. Die Landschaft, die vereinnahmt und verunstaltet würde, wäre riesig. Die Ausgaben an grauer Energie wären unverantwortbar. Gegenwärtig wird *das Projekt "gondosolar"* des Energiekonzerns Alpiq öffentlich debattiert. Dabei geht es um eine Photovoltaikanlage mit etwa 4'500 doppelseitigen Modulen auf einer Fläche von ungefähr 0,1 km^2 in der Umgebung von Gondo (Elevation: 2'000-2'200 m), die etwa 23,3 GWh Strom produzieren soll[15]. *Die angestrebte Produktion der in der Presse als "Grossprojekt" dargestellten Anlage entspräche etwa 0.03% der oben abgeschätzten zusätzlich notwendigen Elektrizitätsmenge.* Obwohl dieses Projekt also bloss einen verschwindend kleinen Teil des zusätzlich benötigten Stroms liefern würde, erscheint es als wahrscheinlich, dass es vehement bekämpft werden wird[16].

Zusammenfassend lässt sich sagen, dass die Grössenordnung (Flächenbedarf, Kosten und Energieaufwand) eines Unterfangens, das darauf abzielt, fossile Energien hauptsächlich mit photovoltaischem Strom zu ersetzen, gigantisch wäre, selbst unter den ökonomischeren Szenarien (welche ihrerseits ziemlich unrealistisch anmuten). Zudem erscheint die Annahme, dass die notwendige Anzahl von Modulen und Zubehör auf dem Markt erhältlich sein wird, als unrealistisch. Wie im nächsten Kapitel besprochen, fehlt auch eine Gesetzgebung (in Kraft oder vorgeschlagen), die das Riesenvorhaben effektiv unterstützen könnte. Ich bin der Ansicht, dass das Unterfangen scheitern muss. Falls Sie meiner Schlussfolgerung keinen Glauben schenken wollen, möchte ich Sie auf Bekanntmachungen der Europäischen Kommission aufmerksam machen. Die Kommission hat neuerlich vorgeschlagen, dass gewisse Nutzungen von Kernkraft und Erdgas als grün (oder nachhaltig) eingestuft werden sollten. Ich verstehe dies als klares Eingeständnis, dass die angestrebte Energiewende mittels Photovoltaik und Windturbinen nicht erzielt werden kann[17].

26. Februar 2022

Letzten Oktober publizierte das BFE eine Auftragsstudie, welche voraussagte, dass die Elektrizitätsversorgung ab Winter 2025 nicht mehr sicher sein werde unter widrigen Umständen[18]. (Anmerkung vom 30. November: diese Prognose wurde also bereits vor dem Ukrainekrieg gemacht, hat also nichts zu tun mit den Verwerfungen des Krieges.)

Die Hauptursachen für das vorausgesagte Problem sollen die steigende Abhängigkeit der Schweiz von importiertem Strom in den Wintermonaten sowie eine Reorganisation des Strommarktes in der EU sein, von der erwartet wird, dass sie Stromimporte in die Schweiz erschweren wird. Um diesen Schwierigkeiten zuvorzukommen, will die Schweizer Bundesrätin, die dem BFE vorsteht, den Ausbau von Solar- und Windtechnologien forcieren. Sie schlägt zusätzlich vor, dass die Operateure von Speicherkraftwerken dazu verpflichtet werden sollen, die

Stauseen im Winter etwas länger auf Maximalpegel zu halten. Zudem will sie einige Gasturbinenkraftwerke bauen lassen, die eine Gesamtleistung von etwa 1'000 MW (maximale Stromproduktion: 8,77 TWh) aufweisen sollen[19].

Zurzeit sind sich die Experten nicht einig, ob die angeregte zeitliche Verschiebung der hydroelektrischen Produktion wirklich etwas bringen würde. Die Ankündigung neue Gasturbinenkraftwerke bauen zu wollen, kommt einer Bankrotterklärung bezüglich der grünen Transformation des Energiewesens gleich.

In Abwesenheit von Speichermöglichkeiten wird importierter Strom zeitgleich verbraucht. Dass benötigte Strommengen möglicherweise nicht zum richtigen Zeitpunkt importiert werden können, ist an der Wurzel des vorausgesagten Problems. Die gesetzliche Verpflichtung, eine mehrmonatige Erdgasreserve zu halten, wurde nicht umgesetzt. Statt einer Erdgasreserve halten wir eine Ölreserve. (Erdgaspflichtlagerverordnung von 2015). Deshalb haben wir keine Möglichkeit, importiertes Erdgas zu speichern. Die geplanten Gasturbinenkraftwerke müssten also mit zeitgleich importiertem Erdgas alimentiert werden. Wenn grosse Erdgasexporteure (z.B.

Russlands Gazprom) ihre winterlichen Lieferungen einstellen würden, dann kämen die Gasturbinenkraftwerke zum Stillstand, und die benötigte Winterelektrizität würde ausbleiben. Eine Abhängigkeit von importierter Elektrizität mit einer Abhängigkeit von importiertem Erdgas zu ersetzen, könnte zum Eigentor werden.

5. Nationale Gesetzgebung

1. April 2022

*In diesem Kapitel gehe ich der Frage nach, ob die gegenwärtig gültigen oder vorgeschlagenen Gesetze dazu angetan sind, die «Elektrifizierung von allem» sowie die Produktion von zusätzlichem Strom wirksam zu fördern. Mein Fazit: die geltende und angestrebte Gesetzgebung wird wahrscheinlich wenig zur Dekarbonisierung beitragen und noch weniger zu einer signifikanten Erhöhung der Stromerzeugung. Zu ihrer allfälligen Wirksamkeit in der Vergangenheit muss ich mich nicht äussern. Die Leser*innen sind ja selbst Zeitzeugen.*

Mehrere Gesetze sind relevant. Die wichtigsten sind das Mineralölsteuergesetz von 1996, das Kernenergiegesetz von 2003, das CO_2 Gesetz von 2011 und das Energiegesetz von 2016. Mehrere Mechanismen, die ursprünglich mit dem CO_2 Gesetz von 2011 eingeführt worden waren, müssen heute mittels überbrückender Gesetzgebung weitergeführt werden. Um diese Situation zu bereinigen, haben Regierung und Parlament 2021 ein revidiertes CO_2 Gesetz präsentiert, das allerdings in einer Volksabstimmung verworfen wurde. Eine neue Vorlage wurde kürzlich zur öffentlichen Stellungnahme vorgelegt.

Das Mineralölsteuergesetz besteuert fossile Kraftstoffe. Die Tarife für Benzin und Dieseltreibstoffe sind derzeit 431 Franken und 459 Franken pro 1'000 l, respektive. Zusätzlich wird ein Mineralölsteuerzuschlag von 300 Franken/1'000 l eingefordert. Eine CO_2 Abgabe, eingeführt mit dem CO_2 Gesetz von 2011, wird auf Brennstoffe erhoben. Gegenwärtig beläuft sich diese Steuer auf 120 Franken pro Tonne CO_2. Dies entspricht etwa 320 Franken pro 1'000 l extra-leichtem Heizöl[20].

Das Energiegesetz von 2016 befasst sich sowohl mit Energieerzeugung (und Verhinderung der Erzeugung) als auch mit der Reduktion der CO_2 Emissionen. Mit der

Annahme dieses Gesetzes wurde ein Verbot der Erteilung von Rahmenbewilligungen für die Erstellung von neuen Kernkraftwerken ins Kernenergiegesetz von 2003 hineingeschrieben. Das Energiegesetz setzt Ziele für eine Reduktion der CO_2 Emissionen fest. Art. 12-13 deklarieren die Nutzung von erneuerbaren Energien (grüne Energien) und deren Ausbau als nationale Interessen, die anderen nationalen Interessen (z.B. Natur- und Heimatschutz) gleichzustellen sind. Das Gesetz reguliert auch die Einspeisung ins Netz von Elektrizität aus erneuerbaren Quellen durch individuelle Produzenten, definiert die Kompensation von individuellen Produzenten durch Netzbetreiber, erlaubt den Zusammenschluss von individuellen Produzenten, fördert mit Investitionsbeiträgen den Ausbau der Nutzung von erneuerbaren Energien und kreiert eine Markprämie zur Unterstützung von grossen Elektrizitätswerken. Von Interesse sind auch die Einmalvergütung für kleinere (neuerdings auch grosse) Photovoltaikanlagen (Art.24/25), die Beiträge zur Erkundung von geothermischen Ressourcen für die Stromproduktion und die Garantien die für den Bau von geothermischen Elektrizitätswerken geleistet werden können (Art.33). Allerdings ist der Rahmen dieser Fördermassnahmen bescheiden, da sie mit den Erlösen aus dem Netzzuschlag finanziert werden (Art.35). Die jährlichen Erlöse aus dem Netzzuschlag belaufen sich auf etwas mehr als eine Milliarde Franken[21].

Der Netzzuschlag ist ein Zuschlag auf dem Netznutzungsentgelt für das Übertragungsnetz. Der Netzzuschlag ist von den Netzwerkbetreibern zu entrichten, kann aber den Endkunden in Rechnung gestellt werden (Art.35). Der von den Endkunden zu bezahlende Betrag kann 2,3 Rappen/kWh nicht überschreiten (was etwa 115 Franken pro Jahr und Haushalt ausmacht[1]). Art.44 erlaubt es der Regierung, Vorschriften zu erlassen für die Inverkehrsetzung oder Vermarktung von serienmässig hergestellten Anlagen, Fahrzeugen und Geräten. Art.45 verpflichtet die Kantone dazu, Vorschriften zu erlassen zur sparsamen und effizienten Energienutzung in neuen und bestehenden Gebäuden. Insbesondere haben sie Limiten festzusetzen für den Anteil an nicht-erneuerbaren Energien, die für Heizung und Warmwasserzubereitung verbraucht werden dürfen. Ein Energieausweis für Gebäude wird eingeführt, der von Kantonen für obligatorisch erklärt werden kann.

Der Bundesrat hat am 18. Juni 2021 einen Vorschlag für ein «Bundesgesetz über eine sichere Stromversorgung mit erneuerbaren Energien» verabschiedet. Ein wichtiges Anliegen, dem in diesem Vorschlag Rechnung getragen wird, ist die Fortführung der Förderung von Photovoltaik und anderer erneuerbarer Energieproduktion (finanziert durch den unveränderten Netzzuschlag von 2,3 Rappen/kWh bezahlt von den Endverbrauchern von Elektrizität). Verschiedene der im Energiegesetz von 2016 aufgeführten Ziele bezüglich Energieproduktion und Verbrauch werden z.T. in leicht veränderter Form für verbindlich erklärt. Der Vorschlag sieht keine weitergehenden Massnahmen für einen signifikanten Ausbau der Elektrizitätsproduktion vor, erwartet aber (blauäugig), dass 2035 17 TWh und 2050 39 TWh Strom aus erneuerbaren Energiequellen generiert werden (Art.2). Diesen Strom sollen wohl hauptsächlich photovoltaische Anlagen liefern. Die Gesamtenergiestatistik bringt uns zurück in die Wirklichkeit: im Jahr 2019 produzierten photovoltaische Anlagen 2,18 TWh Strom (was etwa 3,8% des Stromverbrauchs entsprach).

Unser Energiesystem ist bereits heute ziemlich gestresst. Ein Grossteil der heute produzierten Elektrizität kommt von Wasserkraftwerken. Die hydroelektrische Stromerzeugung ist stark saisonal, was dazu beiträgt, dass wir bereits heute Strom importieren müssen, um durch den Winter zu kommen. Um unsere Abhängigkeit von fossilen Kraftstoffen zu verringen, müssen wir Prozesse elektrifizieren, die zurzeit mit fossiler Energie betrieben werden. Deshalb auch die häufigen Aufrufe von Regierung, Parlamentariern und Umweltgruppierungen, dass unsere Benziner und Dieselfahrzeuge durch elektrische Fahrzeuge ersetzt werden sollten. Solche Aufforderungen sind ohne Zweifel gut gemeint. Bloss, wir produzieren den Strom nicht, der für eine konsequente Umstellung auf eine elektrische Mobilität benötigt würde. Der schweizerische Stromverbrauch 2019 war 57,2 TWh. Obwohl der Betrieb von elektrischen Fahrzeugen energieeffizient ist, würde eine elektrische Mobilität dennoch die beträchtliche Strommenge von 16,9 TWh verbrauchen. Dies würde unseren heutigen Strombedarf um etwa 30% erhöhen. Es wird oft über erneuerbare Treibstoffe wie z.B. Wasserstoff diskutiert. Bloss, Wasserstoff ist keine unabhängige Energiequelle. Die Herstellung von Wasserstoff erfolgt mittels Elektrolyse von Wasser, ein Prozess der viel Strom verbraucht. Elektrizität wird aus Wasserstoff zurückgewonnen mittels Brennstoffzellen. Wenn man die «roundtrip efficiency» dieser Umwandlungen sowie die Energieverluste, die bei der Komprimierung oder Verflüssigung von Wasserstoff (damit er in den Fahrzeugtank passt) entstehen, berücksichtigt, stellt man fest, dass von jeder kWh Strom, der für das elektrische Fahren eingesetzt würde, mehr als die Hälfte verloren ginge. Mit anderen Worten, der Betrieb einer Flotte von Wasserstoff-elektrischen Fahrzeugen würde 40-45 TWh zusätzlichen Strom benötigen. Unser Stromverbrauch würde sich damit um 70-80% erhöhen.

Regierung, Parlamentarier und Umweltgruppierungen drängen uns auch dazu, Öl- und Erdgas-betriebene Heizsysteme mit Systemen, die mit Wärmepumpen (Luft-Wasser oder Wasser-Wasser) arbeiten, zu ersetzen. Dies ist an sich begrüssenswert, sind doch die letzteren Systeme sehr viel energieeffizienter als konventionelle Systeme. Aber, Systeme die Wärmepumpen verwenden, werden mit Strom angetrieben. Ich schätzte, dass eine konsequente Umstellung auf Wärmepumpenheizsysteme einen zusätzlichen Elektrizitätsbedarf von etwa 16,6 TWh hervorrufen würde. Wie für die elektrische Mobilität fehlt uns der Strom dafür. Elektrifizierte Industrieprozesse würden den zusätzlichen Elektrizitätsbedarf noch weiter vergrössern.

Die Notwendigkeit, die Stromproduktion massiv auszubauen, wird von der geltenden und vorgeschlagenen Gesetzgebung kaum konkret adressiert. Ein Abbau der Stromproduktion hingegen schon: das Energiegesetz von 2016 (über eine Modifikation des Kernenergiegesetzes von 2003) wird durch sein Verbot von Rahmenbewilligungen für neue Kernkraftwerke eine dramatische Reduktion der Stromproduktion bewirken. Wenn die bestehenden alternden Kernkraftwerke vom Netz gehen werden, werden wir eine Strommenge von etwa 22,6 TWh verlieren. Die Bezeichnung von grünen Projekten als Projekte von nationalem Interesse Im Energiegesetz könnte hilfreich sein. Baubewilligungen für Photovoltaikanlagen und Windparks könnten infolge möglicherweise schneller erteilt werden. Wenigstens theoretisch ist die Förderung der Photovoltaik ebenfalls als positiv zu werten. In der Praxis hat die photovoltaische Stromproduktion trotz der Förderung nur langsam zugenommen (auf 2,8 TWh gemäss den allerneuesten Zahlen[22]).

Das Hinausschieben eines massiven Ausbaus der Stromproduktion gekoppelt mit der vorhersehbaren Schwierigkeit, immer grössere Strommengen zeitgerecht zu importieren, wird mit an Sicherheit grenzender Wahrscheinlichkeit zu Verwerfungen führen. Zukünftige Strommangellagen werden die industrielle Produktion, den Tertiärsektor und möglicherweise sogar Haushalte treffen. Die Entscheidung der Regierung, einige Gasturbinenkraftwerke bauen zu lassen (angekündigt als blosse Überbrückungsmassnahme), wird diese Entwicklung kaum abfedern.

Ein Schlüsselanliegen ist die Umstellung des mit fossilen Treibstoffen betriebenen Verkehrs auf einen elektrisch alimentierten Verkehr. Das Mineralölsteuergesetz von 1996 besteuert fossile Treibstoffe besonders stark. Die aktuellen Steuern belaufen sich auf 73 und 76 Rappen/l für Benzin und Diesel, respektive. Ein Blick durchs Fenster lässt vermuten, dass diese Steuern das Verkehrsvolumen nicht merklich beeinflusst haben. Dies lässt sich auch mit Zahlen belegen[23]. Natürlich fehlt uns der «Kontrollversuch» (keine Steuern). Der Anteil der (rein) elektrischen Fahrzeuge ist immer noch beinahe vernachlässigbar (2,3% im Jahr 2022[24]).

Das vorgeschlagene revidierte CO_2 Gesetz

- limitiert im Art.10 die durchschnittlichen CO_2 Emissionen von neuen Personenwagen auf 95 g/km (etwa 4 l pro 100 km) und von neuen Lieferwagen und leichten Sattelschleppern auf 147 g/km. Die erlaubten (oder, besser gesagt, nicht sanktionierten) Emissionen können nach 2030 weiter vermindert werden. Diese Limiten sind so tief, dass sie von konventionellen Benzinern und Dieselfahrzeugen kaum eingehalten werden können;
- definiert im Art.13 Sanktionen für Flotten von neuen Fahrzeugen, die die obigen Grenzwerte überschreiten. Zu bezahlen sind zwischen 95 und 152 Franken für jedes Fahrzeug und jedes extra g CO_2 pro km;
- reduziert im Art.13b Emissionen zusätzlich, indem Importeure von fossilen Treibstoffen verpflichtet werden, auch eine gewisse Menge an erneuerbaren Treibstoffen zu importieren. Bei Nichtbeachtung dieser Vorschrift droht eine

Sanktion von 160 Franken pro Tonne übermässiger CO_2 Emission (Art.13c). Eine entsprechende internationale Bescheinigung muss im Folgejahr abgegeben werden;

- gibt im Art.37 vor, dass mit Einkünften aus Sanktionen nach Art.13 die Errichtung von Ladestationen für Batterie-elektrische Fahrzeuge gefördert werden soll;

- verlangt von Importeuren von Treibstoffen im Art.26, dass sie die CO_2 Emissionen, die durch den Verbrauch der importierten Treibstoffe verursacht werden, teilweise kompensieren. Die Kosten dieser Massnahmen können an die Konsumenten weitergegeben werden (bis zu 5 Rappen/l) und

- schafft im Art.41a einen Anreiz für Betreiber des öffentlichen Strassen- und Schiffsverkehrs, auf elektrische Antriebssysteme umzustellen. Ein Teil der dabei entstehende Mehrkosten kann vom Bund übernommen werden.

Werden diese Massnahmen einer Umstellung auf eine karbonfreie (elektrifizierte) Mobilität tatsächlich förderlich sein? Die durchschnittlichen Grenzwerte für CO_2

Emissionen von neuen Fahrzeugflotten sind keine harten Limiten. Sie können durch Bezahlung einer Busse umgangen werden. Obwohl sich die Busse auf eine gesamte Flotte von Fahrzeugen bezieht, die von einem Importeur oder einem schweizerischen Hersteller in einem Jahr in Verkehr gesetzt werden, ist es instruktiv, die (theoretische) Busse für ein einzelnes Fahrzeug zu berechnen.

Gegenwärtig wird die folgende Formel verwendet, um die Höhe der Sanktion/Busse für eine Flotte von Fahrzeugen zu berechnen[25]:

Erlaubte Emissionen (g CO_2/km) = 118 + a x ($M_{i,t} - M_{t-2}$) 118 g/km ist der Referenzzielwert (für Emissionen) basierend auf WLTP (Worldwide Harmonized Light Vehicle Test Procedure); a ist 0,0333; $M_{i,t}$ ist das durchschnittliche Leergewicht (kg) der betroffenen neuen Flotte; M_{t-2} ist das durchschnittliche Leergewicht (kg) von neuen Fahrzeugen vor zwei Jahren, (2020) 1'674 kg.

Meine bevorzuge Automarke ist Mercedes-Benz. Ich könnte mir überlegen, ein neues Mercedes C180 Cabriolet zu erwerben. Ich müsste dafür etwa 65'000 Franken ausgeben. Das Leergewicht des Fahrzeugs von 1'690 kg hat praktisch keinen Einfluss auf die

Sanktionsberechnung. Der durchschnittliche WLTP Wert wird mit 175,5 g/km angegeben. Gemäss dem vorgeschlagenen revidierten CO_2 Gesetz wäre die maximale Busse (175,5 g/km – 95 g/km) x 152 Franken x km/g = 12'236 Franken (unter der Annahme, dass sich die Berechnungsmethode nicht wesentlich ändert). Der gegenwertige Kaufpreis berücksichtigt bereits eine Busse von etwa (175,5 g/km – 118 g/km) x 104 Franken x km/g (Sanktionshöhe 2022) = 5'980 Franken[26]. Wenn der Importeur die Busse gemäss dem neuen Gesetz an die Käufer weitergeben würde, dann würde sich der Kaufpreis des Fahrzeugs auf etwa 71'000 Franken erhöhen. Das neue Gesetz hätte nur einen marginalen Einfluss auf den Treibstoffpreis (+ 5 Rappen/l für Kompensationsmassnahmen + einen weiteren bescheidenen Aufpreis für den beizumischenden erneuerbaren Treibstoff). (Natürlich können sich die Marktpreise sowohl von Treibstoffen als auch von Strom verteuern, was ich hier ausklammere.) Ich könnte mir auch vorstellen, anstatt des Benziners ein vergleichbares elektrisches Modell zu kaufen. Einen elektrifiziertes C Modell gibt es z.Z. noch nicht. Die nächst beste Wahl wäre wohl ein Mercedes EQC SUV mit einem Preisschild von etwa 85'000 Franken.

Wie ich mich entscheiden würde, hätte weniger mit der Gesetzgebung als mit meinen eigenen Prioritäten zu tun. Wäre mir die Abschwächung des Klimawandels kein wichtiges Anliegen, dann würde ich eher den C180 als den vergleichbaren elektrischen Wagen kaufen. Er wäre etwas günstiger. Ausserdem könnte ich mir die Mühe ersparen, alle zwei Tage nach einer freien Ladestation jagen zu müssen (falls mein Vermieter keine Station vor dem Haus einrichten will). Das vorgeschlagene CO_2 Gesetz würde eine gewisse Erleichterung bringen, da es die Installation von Ladestationen fördern würde (allerdings nicht in Einfamilienhäusern oder auf privaten Parkflächen). Wäre ich besorgt über den Klimawandel, dann würde ich mich wohl eher für den elektrischen EQC interessieren. Ich würde mir allerdings noch einige weitere Gedanken machen, bevor ich mich tatsächlich zum Kauf entschlösse. Soll ich wirklich einen elektrischen Wagen fahren und damit die bereits gestresste Elektrizitätsversorgung zusätzlich belasten (wohl wissend, dass der konsequente Ausbau der inländischen, karbonfreien Stromproduktion in den Sternen steht)? Oder mit anderen Worten, macht es Sinn, mit einem elektrischen Wagen zu fahren, welcher importierten Strom verbraucht, der zum Teil mit Gas- oder

Kohlekraftwerken erzeugt wurde? Der Mercedes EQC ist mit einer 80-kWh Batterie ausgerüstet. Die Herstellung einer solchen Batterie verbraucht eine Energiemenge von mehr als 80'000 kWh (nach Yuan et al. (2017)[27]), und die Menge der damit einhergehenden CO_2 Emissionen beträgt etwa 11,2 Tonnen (gemäss Kim et al. (2016)[28]). Sato and Nakato (2020)[29] schätzten, dass die Produktion eines Personenwagens eine Energiemenge von etwa 41,8 MJ/kg verbraucht. Ein Fahrzeug der C-Klasse kann also mit einem Energieaufwand von etwa 20'000 kWh gebaut werden. Die Herstellung eines Mercedes EQC (Fahrzeug und Batterie) verschlingt eine Energiemenge von über 100'000 kWh. Solche ökologischen Überlegungen könnten mich durchaus dazu bringen, eher den Benziner als das Elektrofahrzeug zu kaufen. Ich könnte sogar zur Überzeugung gelangen, dass ich weiterhin das C180 Fahrzeug fahren sollte, das ich seit 8 Jahren besitze. Schliesslich ist es wahrscheinlich, dass ich dieses Fahrzeug problemlos für weitere 10 Jahre benutzen könnte.

Eine anscheinende Anomalie sollte erwähnt werden. Je mehr elektrisch betriebene Fahrzeuge importiert werden, desto kleiner werden die für eine Neufahrzeugflotte zu bezahlenden Sanktionen (pro Fahrzeug). Mit anderen Worten, es wird möglich sein, mittelgrosse oder grosse konventionelle Fahrzeuge zu Preisen anzubieten, welche nur leicht oder überhaupt nicht von Sanktionen belastet sind. Ein Mercedes C180 könnte möglicherweise für 59'000 Franken anstatt für 71'000 Franken verkauft werden. Die folgende Rechnung zeigt auf, wie viele Fahrzeuge des Typs EQC es bräuchte, um die Sanktion für ein C180 Benzinfahrzeug zu kompensieren:

$$175,5 - [(95 \times (n^* + 1) + 0,0333 \times 821^{**} \times n] = 0 \ (g/km)$$

$$n = 0.66$$

*Anzahl EQC Fahrzeuge in der Flotte; **Mehrgewicht eines EQC Fahrzeugs gegenüber dem Referenzgewicht. Die Supercredits, die nur einen marginalen Einfluss haben, wurden nicht berücksichtigt.

Das Resultat zeigt, dass ein einziges EQC Fahrzeug die Sanktion auf ein C180 Fahrzeug mehr als kompensiert. Solange es einen Markt für Benziner gibt, hätte ein Importeur wohl kein Interesse daran, allzu viele Elektrofahrzeuge in seine Neuwagenflotte aufzunehmen. Es gibt ja keinen Bonus dafür. Ich kann mir nicht so recht vorstellen, dass dies im Sinne des Gesetzgebers sein kann. Oder vielleicht doch?

Unter Art.41a übernimmt der Bund einen Teil der Mehrausgaben von Betreibern des öffentlichen Strassen- und des Schiffsverkehrs, welche auf die Verwendung von elektrischen Antrieben zurückzuführen sind. Diese Fördermassnahme könnte einen positiven aber, insgesamt, bescheidenen Beitrag leisten.

Alles in allem glaube ich nicht, dass das vorgeschlagene neue CO_2 Gesetz einen wesentlichen Beitrag zur Elektrifizierung des Verkehrs leisten wird. Dass Leute vermehrt Elektrofahrzeuge kaufen, hat wohl hauptsächlich mit der öffentlichen Diskussion und der Vermarktung solcher Fahrzeuge zu tun. Ob eine Verpflichtung zur Beimischung von erneuerbaren (und grossmehrheitlich importierten) Treibstoffen zu konventionellen Treibstoffen sinnvoll ist, darf bezweifelt werden. Wollen wir wirklich zu einer Erhöhung der Produktion von alternativen Treibstoffen wie z.B. Äthanol (Äthylalkohol oder einfach Alkohol) beitragen, welche auf Kosten der Nahrungsmittelproduktion gehen und/oder zu weiteren Rodungen von Wäldern führen wird?

Wie wird das vorgeschlagene neue CO_2 Gesetz zur Verminderung des Verbrauchs von Erdgas und Erdöl zu

Heizzwecken und in der industriellen Produktion oder von Flugtreibstoffen beitragen?

- Art.9 verpflichtet die Kantone Massnahmen zu ergreifen, die zur Verminderung von CO_2 Emissionen von Gebäuden mit konventionellen Heizsystemen führen.

Mit diesem Artikel nimmt sich die Regierung zurück und überträgt den Kantonen die gesamte Verantwortung. In der glücklosen Vorgängervorlage hatten Art.9 und Art.10 noch Biss. Sie gaben vor, dass der CO_2 Ausstoss aller Gebäude bis 2026/27 um 50% vermindert werden sollte relativ zu Werten von 1990. Neue Gebäude sollten kein CO_2 mehr emittieren. Wenn Heizsysteme in älteren Gebäuden ersetzt würden, sollten die Emissionen der Ersatzsysteme gedeckelt und sukzessive reduziert werden, sodass 20 Jahre später keine Emissionen mehr stattfinden würden. Die Regierung erhofft sich wohl, dass die Kantone ähnliche Vorschriften erlassen werden.

- Art.13d schreibt den Anbietern von Flugtreibstoffen vor, diesen Treibstoffen eine gewisse Menge von erneuerbaren Treibstoffen beizumischen.

Wie bereits erwähnt, würde diese Massnahme die CO_2 Emissionen zwar buchhalterisch vermindern, würde aber negative Auswirkungen zur Folge haben in den Ländern, welche die erneuerbaren Treibstoffe herstellen.

- Art.15/16 geben vor, dass Betreiber von gewissen grossen Kraftwerken, die fossile Brennstoffe verfeuern, am Emissionshandelssystem teilnehmen können. Betreiber von Anlagen bestimmter Kategorien sowie Betreiber von Flugzeugen, die in der Schweiz starten oder landen, werden dazu verpflichtet.
- Art.17 erlaubt es den Teilnehmern am Emissionshandelssystem, bezahlte CO_2 Abgaben auf Brennstoffe zurückzufordern.
- Art.29/30 führen die CO_2 Abgabe auf Brennstoffe fort. Diese Steuer wird beim Importeur eingefordert und kann nicht mehr als 120 Franken pro Tonne CO_2 betragen.

Die CO_2 Abgabe beträgt bereits heute 120 Franken pro Tonne CO_2. Diese Steuer verteuert die Brennstoffe beträchtlich. Vor der gegenwärtigen Krise waren die Preise für extra-leichtes Heizöl zwischen etwa 600 und 1'000 Franken pro 1'000 l. Die CO_2 Abgabe auf 1'000 l kommt auf etwa 320 Franken zu stehen, was eine 30-50%ige Verteuerung des Heizöls bedeutet. Der Preis von Erdgas war etwa 10 Rappen/kWh oder etwa 1 Franken/m^3. Die CO_2 Emissionen betragen etwa 2,1 kg/m^3 und die entsprechende CO_2 Abgabe 25 Rappen/m^3. Die Steuer verteuert das Erdgas um etwa 25%.

Ob die Fortführung der CO_2 Abgabe auf dem bisherigen Niveau der Dekarbonisierung des privaten oder gewerblichen Heizens (Raumwärme und Warmwasser) direkt förderlich sein wird, darf bezweifelt werden. Die Steuer ist alt, und die Verbraucher*innen/ Konsumenten*innen in unserer wohlhabenden Gesellschaft haben sich daran gewöhnt und können sich die Steuer leisten. Dasselbe gilt wahrscheinlich auch für die Industrie. Die Teilnahme vieler Industrieunternehmen am Emissionshandelssystem und die damit einhergehende teilweise oder gänzliche Befreiung von der CO_2 Abgabe sollte eine gewisse Abfederung bewirken (Art.15-17). Anstatt die CO_2 Abgabe zu bezahlen, können Unternehmen auch Verminderungsverpflichtungen gemäss Art.31 mit dem Bund vereinbaren. Dies sollte ebenfalls moderierend wirken. Die Luftfahrtindustrie ist seit 2013 verpflichtet (unter dem CO_2 Gesetz von 2011), am Emissionshandelssystem teilzunehmen. Das neue Gesetz würde keine weitergehende Belastung bringen.

- Unter Art.34 verteilt der Bund 420 Millionen Franken pro Jahr an die Kantone, welche diese Gelder für Fördermassnahmen zur Reduktion der CO_2 Emissionen von Gebäuden und des Verbrauchs von Elektrizität im Winter verwenden sollen.

Etwa dieselbe jährliche Geldmenge wird bereits seit vielen Jahren ausgeschüttet (im Rahmen des Gebäudeprogramms). Dennoch blieb die jährliche Rate von energetischen Gebäudesanierungen unverändert bei etwa 1%. Die Effektivität dieser Massnahme wurde anzweifelt, und derselbe Zweifel gilt natürlich auch für die zukünftige Nützlichkeit der Massnahme. Gemäss unserer früheren groben Schätzung würde eine umfassende energetische Sanierung aller Wohngebäude mehrere Hundert Milliarden Franken kosten[1]. Der vorgesehene staatliche «Zustupf» über die nächsten 30 Jahre würde etwa 12,6 Milliarden Franken betragen. Ein Tropfen auf den heissen Stein.

- Art.34 sieht zusätzliche 40 Millionen Franken pro Jahr vor für die Förderung des Ersatzes von konventionellen Heizsystemen. Art.34a verspricht weitere 35 Millionen Franken pro Jahr.

Eine grobe Abschätzung zeigt, dass diese Beträge verschwindend klein sind im Vergleich zu den zu erwartenden Kosten. In der Schweiz stehen zurzeit etwa eine Million Einfamilienhäuser. Wenn wir annehmen, dass die Installation eines Wärmepumpenheizsystems (Luft-Wasser oder Wasser-Wasser) etwa 30'000 Franken kostet (etwas mehr für geothermische Systeme und etwas weniger für Systeme, die Umweltwärme nutzen), dann wären die Gesamtkosten für die Umrüstung aller Einfamilienhäuser etwa 30 Milliarden Franken. Die Kosten eines Wärmepumpensystems für ein Mehrfamilienhaus dürften bei etwa 100'000 Franken liegen. Mit etwa einer halben Million Mehrfamilienhäusern käme man auf einen Gesamtbetrag von etwa 50 Milliarden Franken. Die Fördergelder gemäss Art.34 und Art.34a (nur bis 2030 verfügbar) würden etwa 0,6 Milliarden Franken betragen, was weniger als einem Prozent der zu erwartenden effektiven Kosten entspricht. Diese minimale Förderung würde die Entscheidungen der Immobilienbesitzer*innen wohl kaum beeinflussen.

- Art.35 alimentiert einen Technologiefonds mit jährlich 30 Millionen Franken. Diese Gelder können als Garantien für gewisse Projekte eingesetzt werden, z.B. für den Bau oder die Erweiterung von Fernwärmenetzen.

Diese Massnahme könnte allenfalls nützlich sein.

Gesamthaft betrachtet glaube ich nicht, dass die neue Vorlage, die das CO_2 Gesetz von 2011 ersetzen soll, einen wesentlichen Beitrag zur Dekarbonisierung des Heizens oder zur Verminderung des Luftverkehrs leisten könnte. Wie bei der Mobilität werden es verantwortungsbewusste oder besorgte (Stichwort russisches Erdgas und Erdöl) Menschen sein, die Wärmepumpenheizsysteme auf eigene Kosten installieren und/oder weniger Flugreisen unternehmen werden. Ein direkter Effekt der CO_2 Gesetzgebung auf die Luftfahrtindustrie war/ist nicht zu erwarten. Die Branche ist Gefangene der gegenwärtig verfügbaren Technologie. Falls das CO_2 Gesetz von 2011 einen Einfluss auf die übrige Industrie hatte, würde dieser Einfluss mit dem vorgeschlagenen revidierten CO_2 Gesetz perpetuiert. Dies könnte allenfalls signifikant sein.

Die Industrie ist verantwortlich für etwa 10% (gemessen in kWh) des Gesamtverbrauchs von Öl und Erdgas.

Das CO_2 Gesetz von 2011 (fortgeführt in der neuen Vorlage) führte einen Mechanismus ein zur Rückverteilung an Bevölkerung und Gewerbe von Einnahmen aus der CO_2 Abgabe, die nicht für Fördermassnahmen oder die Administration des Gesetzes eingesetzt werden. Dies erscheint als absurd angesichts der völlig unzureichenden Förderbeträge für die Gebäudesanierung und den Ersatz von Heizsystemen.

Die Zahnlosigkeit der neuen Vorlage des CO_2 Gesetzes dürfte beabsichtigt sein. Die verunglückte Vorgängervorlage beinhaltete spürbare Sanktionen für nicht erlaubte Emissionen von schweren Fahrzeugen, strikte Vorschriften für Heizsysteme in neuen und älteren Gebäuden, eine Erhöhung der Treibstoffpreise um 10-12 Rappen/l (Kompensationsaufschlag), eine CO_2 Abgabe von bis zu 210 Franken pro Tonne CO_2, eine Steuer auf Flugbillette von bis zu 120 Franken und eine Steuer für die allgemeine Luftfahrt von bis zu 3'000 Franken pro Flug. Die neue Vorlage verzichtet auf neue oder erhöhte Steuern/Abgaben sowie auf diejenigen Vorschriften, die vermutlich zum Scheitern der früheren Vorlage beigetragen hatten. Sie scheint auch keine neuen Massnahmen vorzusehen (die über die bereits seit 2013 geltenden Massnahmen hinausgehen), die die Kosten der Industrieproduktion und der Dienstleistungen erhöhen könnten. Bloss Neufahrzeuge könnten etwas teurer werden. Elektrische Fahrzeuge sind tendenziell kostspieliger als konventionelle Fahrzeuge. Neue konventionelle Fahrzeuge würden mit höheren Sanktionen belegt (aber siehe meine vorangegangenen Bemerkungen zu diesem Thema). Auch könnte die mandatierte Beimischung von erneuerbaren Treibstoffen zu etwas höheren Treibstoffpreisen führen. Die neue Vorlage beschreibt ein Wohlfühlgesetz, das kaum anecken aber auch kaum etwas bewirken wird.

Zum Schluss sollte auch erwähnt werden, dass sich sowohl die geltende als auch die vorgeschlagene Gesetzgebung auf Emissionsverminderungsziele bezieht, die zwar den eingegangenen internationalen Verpflichtungen genügen aber in Tat und Wahrheit irreführend sind.

- Art.1 des vorgeschlagenen revidierten CO_2 Gesetzes erklärt, übereinstimmend mit dem

Pariser Abkommen von 2016, dass das Gesetz einen Beitrag dazu leisten soll, die Erhöhung der durchschnittlichen Erdtemperatur deutlich unter 2^0C und möglichst unter $1,5^0$C zu halten und Auswirkungen der Klimaerwärmung besser zu bewältigen.

- Unter Art.3 soll der Bund dafür sorgen, dass die Treibhausgasemissionen im Jahr 2030 50% tiefer sein werden als im Jahr 1990.

Ich habe neulich einem Radioprogramm zugehört, bei dem es um den aktuellen (April) Verkauf von Erdbeeren in Supermärkten ging. Ein Experte erklärte, dass die Erdbeeren von Spanien kommen und per Lastwagen in die Schweiz transportiert werden. Dies sei wesentlich vorteilhafter als die Beeren lokal in Gewächshäusern zu produzieren und Energie dafür aufzuwenden, diese Gewächshäuser zu beheizen. Mit anderen Worten, die Energie die von den Lastwagen verbraucht wird, die die Früchte über eine Distanz von etwa 2'000 km durch europäische Länder karren, zählt nicht. Derselbe buchhalterische Ansatz unterliegt sowohl dem vorgeschlagenen als auch dem alten CO_2 Gesetz.

- Art.3 deklariert, dass die Gesamtemissionen basierend auf Emissionen in der Schweiz berechnet werden.

Die Regierung wünscht sich einen konsequenten Ausbau der grünen Energieerzeugung. Ich habe die Dimensionen eines solchen Unterfangens im dritten und vierten Kapitel aufgezeigt. Wie soll es möglich sein, die Treibhausgasemissionen sukzessive herunterzufahren (auf 50% im Jahr 2030), wenn massive Investitionen von (fossiler) Energie getätigt werden müssen, um diese Reduktionen zu erzielen? Die Antwort ist verblüffend einfach: viele dieser Energieausgaben und die damit verbundenen Emissionen würden im Ausland erfolgen und deshalb bei uns nicht berücksichtigt werden. Polysilicon, das Basismaterial für die Herstellung von Photovoltaik Modulen kommt hauptsächlich aus China und wird typischerweise im Ausland in Modulen verbaut, bevor diese in die Schweiz gelangen. Die in der Schweiz verkauften Personenwagen, Lieferwagen und Lastwagen werden im Ausland produziert (zugegebenermassen z.T. auch mit Bestandteilen die von der Schweizer Industrie gefertigt werden). Die

Batterien, die in elektrischen Fahrzeugen verbaut sind, kommen ebenfalls aus dem Ausland. Sogar die wachsenden Mengen von importiertem Strom, der z.T. mit Gas- und Kohlekraftwerken erzeugt wird, werden nicht in der Schweizer Buchhaltung auftauchen. Der Treibstoffverbrauch der internationalen Luftfahrt wird ebenfalls nicht berücksichtigt. Auch die erneuerbaren Treibstoffe, die gemäss der neuen Vorlage des CO_2 Gesetzes den fossilen Treibstoffen beigemischt werden sollen, werden grossenteils aus dem Ausland kommen. Die Erzeugung dieser Treibstoffe verursacht ebenfalls Treibhausgasemissionen. Mittels dieses buchhalterischen Ansatzes könnte es der Schweiz tatsächlich gelingen, ihre Emissionsziele wenigstens teilweise zu erreichen, wofür sie international Lorbeeren einheimsen würde. In Tat und Wahrheit würde ihr Erfolg auf im Ausland erzeugter und verbrauchter Energie und den damit verbundenen Emissionen beruhen. Mit anderen Worten, der Erfolg hätte weniger mit der Reduktion als mit dem Export von Treibhausgasemissionen zu tun.

Natürlich würde eine konsequente Umstellung von fossilen auf grüne Energien auch grosse inländische Projekte betreffen, deren Emissionen nur teilweise externalisiert werden könnten (z.B. die energetische Sanierung von Gebäuden oder, möglicherweise, der Ausbau oder Neubau von Pumpspeicherkraftwerken). Es erscheint jedoch als unwahrscheinlich, dass solche Projekte die Emissionsbilanz ruinieren werden. Es darf vermutet werden, dass die Projekte nur sehr langsam angegangen oder überhaupt nicht verwirklicht würden in der Abwesenheit von effektiven finanziellen Anreizen.

6. Tiefe geothermische Energie

27. Februar 2022

Die Möglichkeit der Erschliessung von tiefer geothermischer Wärmeenergie ist weitgehend aus dem öffentlichen Bewusstsein verschwunden seit den unglücklichen seismischen Ereignissen, die zur Aufgabe von frühen Projekten führten. Quasi im Windschatten der grünen Energiewende wurden Technologien verfeinert oder neu entwickelt, die die Erschliessung dieser Energiequelle wieder als attraktiv erscheinen lassen. Ich bespreche hier neuere Entwicklungen, die ich als relevant erachte.

Das Erdinnere ist eine nahezu unerschöpfliche Wärmequelle. Wärme aus der Tiefe ist überall und allezeit verfügbar. Neben der Wasserkraft ist sie die einzige nachhaltige und karbonfreie Bandenergie, die uns zur Verfügung stünde. Die Temperatur unter der Erdoberfläche erhöht sich typischerweise um etwa 30^0C pro Tiefenkilometer. Um Elektrizität effizient in konventionellen Turbinen produzieren zu können, wird Wasser von einer Temperatur von mindestens etwa 150^0C benötigt. Solche Temperaturen werden in etwa 5 km Tiefe gefunden. Wesentlich mehr Strom bekäme man bei höheren Temperaturen. Nur, um eine Temperatur von etwa 250^0C (superkritisches Wasser) anzutreffen, müsste man auf eine Tiefe von etwa 10 km bohren. Trotz Anstrengungen zur Erschliessung von tiefer geothermischer Wärme, die seit Jahrzehnten unternommen werden, wird diese Energiequelle nicht als kurzfristig verfügbar angesehen. Folgende Gründe dürften dieser Einschätzung zugrunde liegen:

1. Die aktuelle Technologie basiert auf den sogenannten «enhanced geothermal systems» oder «EGS» (s. die

untenstehende Abbildung). Dabei wird zunächst ein sogenanntes «injection well» (Injektionsbohrung) auf die gewünschte Tiefe gebohrt. Um ein grosses thermisches Reservoir im trockenen und relativ undurchlässigen Gestein zu generieren, wird Wasser oder eine wässrige Lösung unter hohem Druck in das «injection well» gepumpt. Dies führt zu Brüchen und Spalten im gestressten Gesteinsvolumen. Der Vorgang wird als «Stimulation» bezeichnet. Nach der Vermessung der aufgebrochenen Zone wird ein zweites Bohrloch (das sogenannte «production well» (Förderbohrung)) angelegt, das bis in diese Zone reicht. Wenn alles gut verlaufen ist, wird kalte Arbeitsflüssigkeit (typischerweise Wasser oder eine wässrige Lösung) vom «injection well» aus mit einer adäquaten Geschwindigkeit durch das Gesteinsreservoir perkolieren und sich dort aufwärmen. Heisse Arbeitsflüssigkeit wird das «production well» erreichen und kann dann an die Oberfläche gepumpt und zum Antrieb einer Turbine verwendet werden. Mehr Information kann z.B. bei Olasolo et al. (2016)[30] gefunden werden.

Ob die Durchflussgeschwindigkeit durch das thermische Reservoir zum Betrieb einer Anlage ausreichen und ob der Flüssigkeitsverlust im Gestein tragbar sein wird, ist nicht vorausberechenbar. Ein noch ausschlaggebenderes Problem ist die induzierte Seismizität, d.h. kleinere Erdbeben ausgelöst durch die Stimulation.

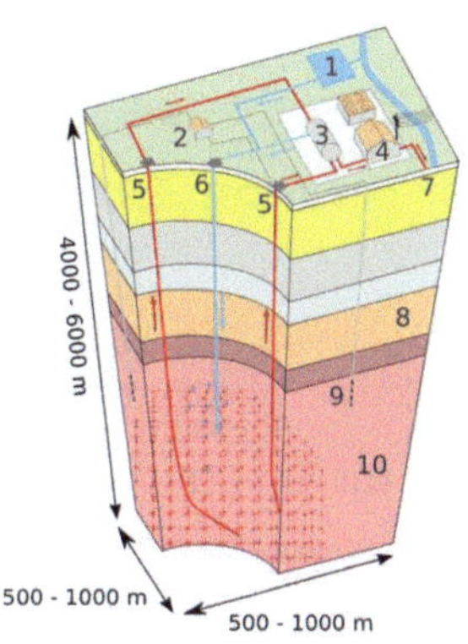

Enhanced geothermal system: 1 Reservoir, 2 Pumpenhaus , 3 Wärmetauscher, 4 Turbinenhalle, 5 Förderbohrung, 6 Injektionsbohrung , 7 Heisswasser für Fernheizung, 8 Poröses Sedimentgestein, 9 Testbohrung, 10 Hartes Grundgestein

Wikipedia "Enhanced geothermal system". (Creative Commons Attribution-Share Alike 3.0 Unported License)

Bestens erinnert in der Schweiz ist das EGS Projekt in Basel, das Erdbeben mit Magnituden bis 3,4 verursachte im Dezember 2006 und zur Beendigung des Projektes führte[31]. Ein Projekt in St. Gallen verursachte ebenfalls ein Erdbeben, diesmal mit einer Magnitude von 3,6. Auch dieses Projekt wurde danach eingestellt.

2. Diese Ereignisse hatten eine nachhaltige negative Wirkung auf die Erschliessung von tiefer geothermischer Energie in der Schweiz. Obschon der Bund weiterhin Forschung in diesem Bereich unterstützt, hat sich die Überzeugung breit gemacht, dass die Technologie immer noch unausgereift sei. Die Diskussion zum Thema der tiefen Geothermie ist verstummt, und die Pläne der Regierung für die Transformation des Energiesystems sehen keine signifikante Rolle für die tiefe Geothermie vor.

3. Die Nutzbarmachung der tiefen geothermischen Energie gilt als zu teuer. Die Kosten für ein komplettiertes Bohrloch von einer Tiefe von etwa 6'000 m wurden auf USD 20 Millionen +/- 10 Millionen geschätzt (Tester et al. (2015)[32]; Huang et al. (2019)[33]).

Trotz diesen Schwierigkeiten, negativen Vorkommnissen und hohen Kosten wurden einige EGS gebaut. Die vielleicht bekannteste Anlage befindet sich in Soultz-sous-Forêts in Frankreich. Partner in diesem Projekt waren Frankreich, Deutschland, Italien, die Schweiz und England. Die Kosten wurden von der EU und den Partnerländern getragen[34]. Die Anlage wurde 2009 fertiggestellt. Die Bohrlöcher sind etwa 5'000 m tief. Die

Anlage hat eine Leistung von etwa 1,5 MW_e und ist am Netz seit 2016. Die Geodynamics Anlage in Habanero (Australien) wurde 2013 ans Netz angeschlossen. Habanero ist die erste private kommerzielle EGS Anlage für die grossmassstäbliche Produktion von Elektrizität (diskutiert in Olasolo et al. (2016)[30]). Weitere Projekte sind unterwegs oder geplant. Zum Beispiel sollen in Schweden demnächst 5 geothermische Anlagen mit einer Bohrtiefe von 5-7'000 m und einer Leistung von je 50 MW_{th} realisiert werden. Das von diesen Anlagen erzeugte Heisswasser mit einer Temperatur von etwa 160^0C soll direkt ins Fernheizsystem von Malmö eingebracht werden[35]. S. Kapitel 11 für weitere Anmerkungen.

9. März 2022

Fortschritte wurden in den letzten Jahren an allen Fronten gemacht. Mit geschlossenen Systemen (auch bekannt als «advanced geothermal systems» oder «AGS») lassen sich Unsicherheiten bezüglich des Durchflusses durch das künstlich geschaffene thermische Reservoir (die Zone des durch Stimulation aufgebrochenen Gesteins) und der Flüssigkeitsverluste vermeiden. Unakzeptable seismische Ereignisse sind praktisch ausgeschlossen.

Solche Systeme wurden denkbar, nachdem die Ölindustrie Methoden für das horizontale Bohren

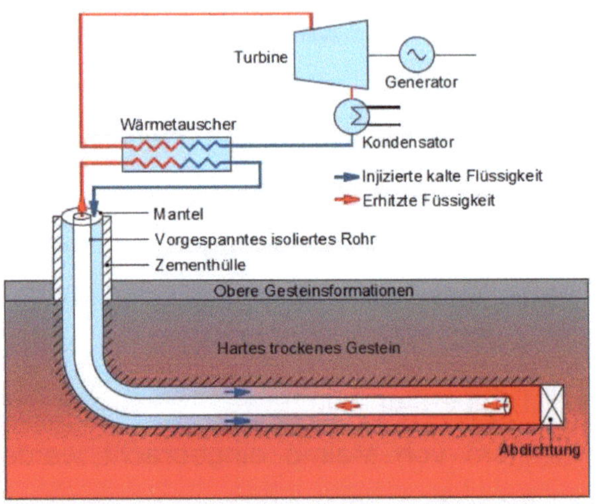

Grafische Darstellung von Dieter Sclhaepfer nach Zhang and Zhao (2020) Geomech. Geophys. Geo-energ. Geo-resour. 6: 4.

entwickelt hatte (s. den Übersichtsbericht von Ma et al. (2016)[36]). Ein System dieser Art wurde von Cui et al. (2017)[37] beschrieben. Wie die obenstehende Abbildung zeigt, besteht das System aus einem Bohrloch, das zunächst vertikal und dann horizontal verläuft. Im inneren des Bohrlochs befindet sich ein Rohr aus thermisch schlecht leitendem Material. Kalte Arbeitsflüssigkeit wird zwischen ausgekleideter Bohrlochwand und Rohr injiziert. Die erhitzte Arbeitsflüssigkeit wird über das Rohr zurückgewonnen.

Um die Wärmegewinnung zu verbessern, wurden auch Systeme mit multiplen Bohrlöchern vorgeschlagen. Ein solches System mit mehreren «injection wells» und einem »producion well" wurde von Jiang et al. (2016)[38] beschrieben (s. die *untenstehende* Abbildung).

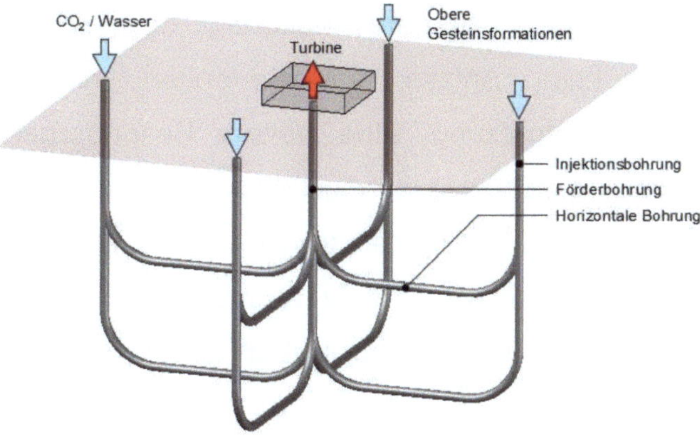

Grafische Darstellung von Dieter Schlaepfer nach Zhang and Zhao (2020) Geomech. Geophys. Geo-energ. Geo-resour. 6: 4.

Einige Startup Unternehmen haben zur Sichtbarkeit dieses Ansatzes beigetragen. Wahrscheinlich das bekannteste dieser Unternehmen ist Eavor, domiziliert in Calgary, Alberta (Kanada). Dessen sogenannter «Eavor loop» besteht in seiner einfachsten Ausführung aus zwei vertikalen Bohrlöchern (ein «injection well» und ein «production well»), die einige km voneinander entfernt sind. Eine horizontale Bohrung verbindet die unteren Enden der vertikalen Bohrlöcher. Die Bohrlöcher sind mittels einer eigens entwickelten Technologie versiegelt. Der «Eavor loop» eliminiert die oben beschriebenen Nachteile der EGS. Ausserdem ist die Arbeitsflüssigkeit nicht in Kontakt mit der Umgebung, und es besteht deshalb kein Anlass zu Bedenken hinsichtlich Umweltverschmutzung. Eine weitere Besonderheit ist, dass die Arbeitsflüssigkeit nicht gepumpt werden muss. Der Transport der Arbeitsflüssigkeit durch das System beruht auf dem sogenannten «Thermosiphon» Effekt, der durch Dichteunterschiede zwischen kalter und erhitzter Arbeitsflüssigkeit zustande kommt.

Das Unternehmen hat eine Demonstrationsanlage in Alberta gebaut, um Konzept und Technologie auszutesten (s. die untenstehende Abbildung). Es stellte fest, dass die horizontale Bohrung punktgenau dirigiert werden kann, der Thermosiphon funktioniert und Kosten und Leistung zuverlässig vorausberechnet werden können[39]. Die vertikalen Bohrlöcher der

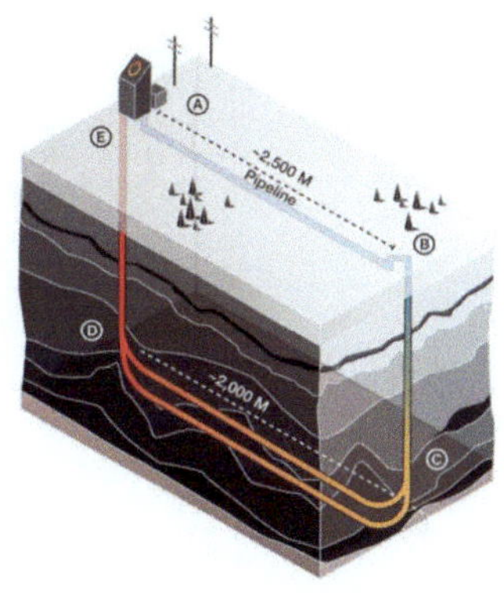

Schematische Ansicht der Eavor Demonstrationsanlage.
Quelle: Eavor. Mit Erlaubnis des Unternehmens.

Demonstrationsanlage sind 2'565 m tief, und die Durchflussmenge ist 11 kg/Sek. Eine externe Studie bestätigte die Angaben des Unternehmens[40].

Ein verbessertes Design platziert die vertikalen Bohrlöcher nahe beieinander, wobei die Lateralen als Schleifen ausgebildet sind. Dieses Design ist in der folgenden Abbildung illustriert. Siehe auch den Videoclip auf YouTube[41]. Die Anordnung reduziert den Fussabdruck der Anlage zusätzlich.

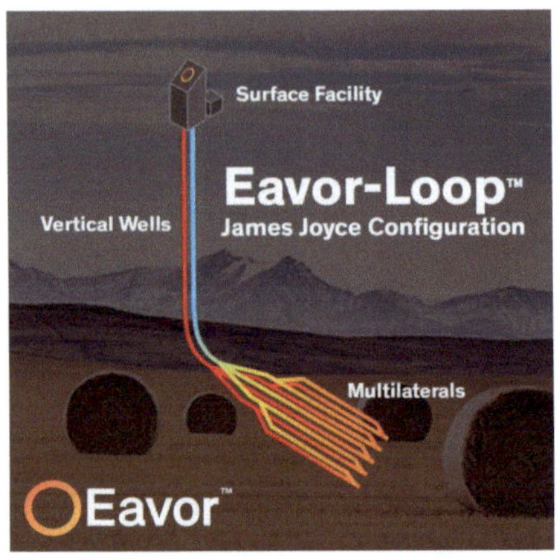

Quelle: Eavor. Mit Erlaubnis des Unternehmens.

Eavor bereitet die Realisierung mehrerer kommerzieller Anlagen vor. Projekte in Frankreich und Holland sollen Wärme produzieren. Ein Projekt in Japan soll der Stromerzeugung dienen. Ein Projekt in Geretsried, Deutschland, soll sowohl Strom als auch Wärme liefern. Mit Bohrungen in Geretsried soll noch dieses Jahr begonnen werden[42]. Die Anlage mit einer Leistung von etwa 10 MW$_e$ soll etwa EUR 200 Millionen kosten. Eavor ist der Ansicht, dass mit einer Erweiterung dieser Anlage eine Gesamtleistung von etwa 200 MW$_e$ erzielt werden könnte. Die Kosten eines solchen Ausbaus sollen etwa EUR 2,4 Milliarden betragen[43]. Die ausgebaute Anlage würde 1,75 TWh Strom erzeugen. Sollten Eavor's Zahlen realistisch sein, wäre die Installation einer solchen Anlage nicht viel teurer als die eines vergleichbaren Kernkraftwerks, unter der Annahme, dass ein 1'000 MW$_e$ Kernkraftwerk für etwa EUR 10 Milliarden gebaut werden kann. *Gemäss Eavor würden 5 «Eavor loop» Anlagen von je 200 MW$_e$ etwa EUR 13 Milliarden kosten. Der Kapitalaufwand für den Bau (unter Anwendung von konventioneller Bohrtechnik) von Anlagen, die die zusätzlich benötigte Strommenge von 70 TWh produzieren könnten, wäre also in der Grössenordnung von EUR 100 Milliarden. Dies wäre mindestens 3-mal weniger als in einen entsprechenden Ausbau der Photovoltaik investiert werden müsste (im günstigsten Fall).*

Soweit ich dies verstanden habe, wird in Geretsried hauptsächlich durch Sedimentgestein gebohrt werden. In anderen Lokalitäten würde bei Bohrungen auf eine Tiefe, auf welcher Temperaturen von mindestens 150^{0}C herrschen, d.h. typischerweise auf über 5'000 m, auf vulkanisches Gestein gestossen werden. Konventionelles Bohren durch vulkanisches Gestein ist langsam und besonders kostspielig. Es ist jedoch erwähnenswert, dass auch bei Temperaturen der wässrigen Arbeitsflüssigkeit von weniger als 150°C Strom erzeugt werden kann mittels binärer Kraftwerke. Ich habe den Eindruck, dass Eavor selbst organische Rankine-Zyklus Technologie einsetzt, eine binäre Produktionstechnologie.

Tiefe geothermische Energie bekäme wesentlich attraktiver als sie es heute ist, wenn die Bohrkosten signifikant reduziert werden könnten. Konventionelles mechanisches Drehbohren ist teuer, hauptsächlich weil die Vorwärtsgeschwindigkeit ("rate of penetration" or "ROP") niedrig ist in hartem Gestein. Der Bohrkronenverschleiss ist beträchtlich, was einen häufigen Ersatz der Bohrkrone bedingt. Der Ersatz einer Bohrkrone aus grosser Tiefe ist mit einer langen Fahrtzeit verbunden. Diese Schwierigkeit könnte umgangen werden, wenn kontaktfreie Bohrmethoden zur Verfügung stünden. Über Methoden wie Plasma Pulsed Geo Drilling (PPGD), Thermal Spallation Drilling, Laserbohren und Mikrowellenbohren wird seit Jahren geforscht. Eine frühe

Beschreibung solcher Methoden findet sich bei Tester et al. (2006)[44].

Die PPGD Technologie bricht das Gestein mit Hochspannungsimpulsen ohne mechanische Abrasion auf. Zwei Elektroden mit einem Abstand d_E setzen die Gesteinsoberfläche Hochspannungsimpulsen V_E von über 200 kV aus. Die Impulse sind von kurzer Dauer (etwa 0,2 Mikrosekunden). S. die Anordnung in der untenstehenden Abbildung. Die Impulse resultieren in elektrischen Durchschlägen innerhalb von Gesteinsporen. Die induzierten hohen Zugspannungen führen zu Brüchen im Gestein.

Die Elektroden, die die Hochspannungsimpulse abgeben, müssen in direktem Kontakt sowohl mit dem Gestein als auch mit der Bohrflüssigkeit stehen, wie aus der Abbildung ersichtlich ist. Die Bohrflüssigkeit hat eine niedrigere Durchschlagfestigkeit («dielectric strength») als das Gestein. Deshalb sollten elektrische Durchschläge bevorzugt in der Bohrflüssigkeit erfolgen. Es zeigte sich aber, dass elektrische Durchschläge in Gestein begünstigt werden, wenn Impulse mit einer kurzen Anstiegszeit (< 0,2 Mikrosekunden) verwendet werden.

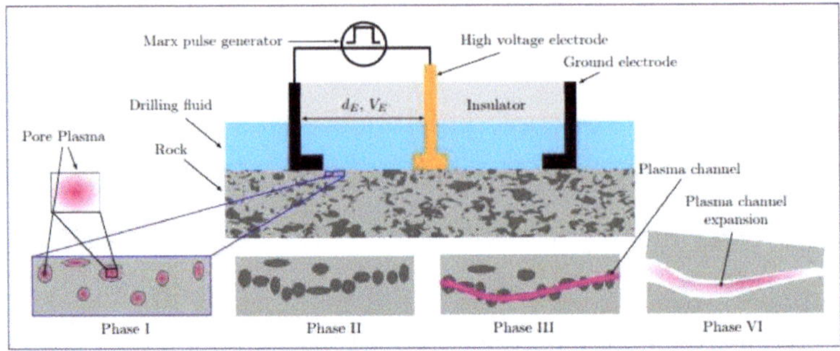

Quelle: Ezzat et al. (2022)[45] (CC BY License: https:/creativecommons.org/licenses/by/4.0/). Phasen I und II illustrieren die Plasmabildung in Gesteinsporen und die resultierende Porenexpansion. Phasen III and IV zeigen die Bildung eines Plasmakanals, dessen Expansion und den resultierenden Gesteinsschaden auf. Ezzat et al. (2021)[46]; Li et al. (2019)[47].

Poreneigenschaften (Porengrösse und Porendruck) haben einen entscheidenden Einfluss auf die Effektivität der PPGD Technologie. Diese Porenparameter wurden in Experimenten und Modellen untersucht. S. die Arbeit von Ezzat et al. (2022)[45] and die in dieser Arbeit zitierte Literatur.

Die Kommerzialisierung der PPGD Technologie hat begonnen. Ein besonders sichtbares Unternehmen ist GA Drilling. Das Bratislava (Slowakei) Startup Unternehmen hat in den letzten 10+ Jahren die PPGD Bohrplattform PLASMABIT entwickelt. Die Technologie soll sich sowohl für vertikales als auch für horizontales Bohren eignen. Gemäss Informationen des Unternehmens erfüllt die Bohrplattform alle Erwartungen in Labor- und Feldversuchen (s. die untenstehenden Abbildungen).

Letztes Jahr schloss GA Drilling einen Vertrag mit den finnischen Unternehmen Finest Bay Area Development Oy and Callio ab[48]. Finest Bay Area Development Oy soll einen Unterwassertunnel bauen, der Finnland und Estland verbindet. Callio ist ein Entwicklungsunternehmen, das der finnischen Stadt Pyhäjärvi gehört. Gemäss dem Abkommen soll GA Drilling die europaweit tiefsten Bohrungen in der Pyhäsalmi Mine bei Pyhäjärvi durchführen. Die resultierenden Bohrlöcher sollen in eine Anlage zur Stromerzeugung integriert werden. Es darf angenommen werden, dass mögliche weitere Projekte mit dem Bau des Unterwassertunnels zu tun haben werden.

Anordnung für einen Feldversuch

Bohrversuch

Es erscheint als wahrscheinlich, dass die PLASMABIT Technologie in einigen Jahren ausgereift sein wird und für weitere kommerzielle Projekte zur Verfügung stehen wird. Vorausgesetzt natürlich, dass keine unvorhergesehene technische Probleme auftreten beim Grossversuch in Finnland.

Es wird erwartet, dass PPGD Technologien die Bohrkosten beträchtlich senken werden, insbesondere bei Bohrungen durch hartes Gestein. Die Resultate des finnischen Experimentes müssen wohl abgewartet werden, bevor die Grössenordnung dieser Einsparungen abgeschätzt werden kann. GA Drilling erwartet, dass die PLASMABIT Technologie in Kombination mit der «Conticase» Technologie (welche die Verschalung von Bohrlochwänden während des Bohrens ermöglicht) die Bohrkosten um mehr als 75% reduzieren wird relativ zu den Kosten konventionellen Bohrens. Sollten sich die Vorstellungen des Unternehmens bewahrheiten, würde dies grosse Auswirkungen auf die weitere Entwicklung der tiefen Geothermie haben.

Rossi et al. (2020)[49] ermittelten den Energieaufwand für eine Tiefenbohrung mittels einer PPGD Technologie. Bei einem Bohrlochdurchmesser von 20 cm wurde ein Aufwand von 477 J/cm^3 aufgebrochenem und entferntem Gestein errechnet. Der Energieaufwand für ein 5'000 m tiefes Bohrloch wäre also etwa 75 GJ. Selbst wenn 50 vertikale und horizontale Bohrungen dieser Länge benötigt würden für ein grösseres Kraftwerk und 10 solcher Kraftwerke gebaut werden müssten, um unseren zusätzlichen Strombedarf zu decken, wäre die zu investierende Energiemenge «nur» etwa 37,5 TJ = 10,4 GWh (65 GWh bei einem Bohrlochdurchmesser von 50 cm). Dies ist Grössenordnungen weniger als für den Bau von Photovoltaikanlagen mit vergleichbarer Leistung aufzuwenden wäre (s. Kapitel 4).

7. Energie aus Kernkraft

17. März 2022

Thermische Kernreaktoren werden seit den 1950er Jahren für die Stromproduktion eingesetzt. Kernspaltung liefert karbonfreie Bandenergie. Bedenken bestehen bezüglich der Sicherheit von Kernkraftwerken und der langfristigen Entsorgung von sehr langlebigen radioaktiven Abfällen. Die Industrie hat sich während der letzten Jahrzehnte damit beschäftigt, sicherere Designs für thermische Reaktoren zu entwickeln. Erwähnenswert sind auch schnelle Brutreaktoren (flüssigmetallgekühlte Reaktoren), mit welchen seit den 1950er Jahren experimentiert wird. Diese Reaktoren ermöglichen eine

Die Kernkraftwerke der Schweiz erzeugten 2019 etwa 25,3 TWh Strom (Schweizerische Elektrizitätsstatistik 2019). Nach der permanenten Stilllegung des Kraftwerks Mühleberg dürften die verbleibenden Kernkraftwerke noch etwa 22,6 TWh Elektrizität produzieren. Die folgenden Kernkraftwerke sind gegenwärtig am Netz:

Beznau-1, in Betrieb seit 1969, ein Druckwasserreaktor (Westinghouse) mit einer Leistung von 365 MW_e,

Beznau-2, in Betrieb seit 1972, ein Druckwasserreaktor (Westinghouse) mit einer Leistung von 365 MW_e,

Gösgen, in Betrieb seit 1979, ein Druckwasserreaktor (Siemens) mit einer Leistung von 1'010 MW_e and

Leibstadt, in Betrieb seit 1984, ein Siedewasserreaktor (BWR-6, General Electric) mit einer Leistung von 1'220 MW_e[50].

Alle vier Reaktoren sind thermische Reaktoren der zweiten Generation (wie die meisten der ungefähr 440 Reaktoren, die weltweit in Betrieb sind).

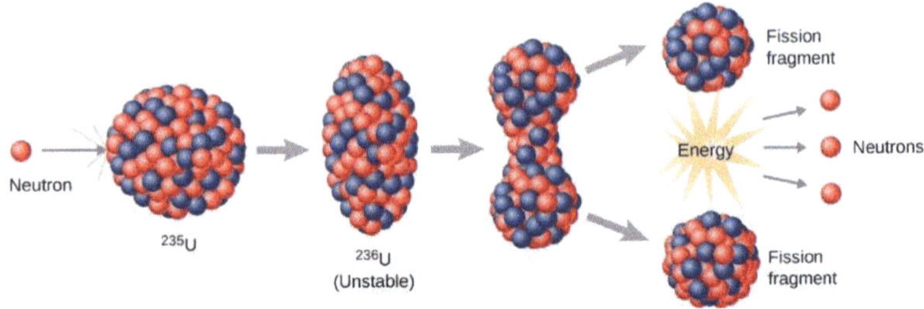

Quelle: Wikipedia Commons (Creative Commons Attribution 4.0 international license)

Die Kernreaktoren erzeugen Wärmeenergie durch Kernspaltung. Wie die obenstehende Abbildung illustriert, generiert die Bombardierung von Uran 235 (^{235}U) mit Neutronen Spaltprodukte. Der Prozess erzeugt weitere Neutronen, was zu einer Kettenreaktion führt, in welcher weiteres ^{235}U gespalten wird. Der Spaltprozess liefert grosse Mengen von Wärme, die genutzt wird zur Erzeugung von Wasserdampf, welcher dann zum Antrieb einer Turbine verwendet wird.

Das Design eines Druckwasserreaktors wird in der folgenden Abbildung verdeutlicht. Der Druckwasserreaktor ist der meistverbreitetste Reaktortyp. Als Brennstoff dienen keramische Pellets von Uranoxid (UO_2). Gefördertes Uran enthält bloss etwa 0,7% des spaltbaren Isotops 235. Üblicherweise ist der Brennstoff

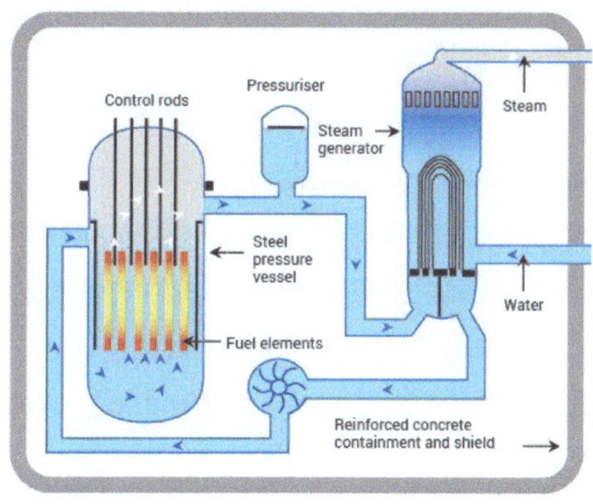

Quelle: https://world-nuclear.org/information-library/nuclear-fuel-cycle/nuclear-power-reactors/nuclear-power-reactors.aspx. Mit Erlaubnis der World Nuclear Organization: https://world-nuclear.org/

angereichert und enthält 3-5% ^{235}U. Pellets von UO_2 werden in Brennstäbe eingefüllt, welche aus Neutronendurchlässigem Material gefertigt sind (typischerweise eine Legierung von Zirkonium). Brennstäbe (oft mehr als 200) werden in Brennelementen gebündelt. Ein 1'000 MW Reaktor kann mehr als 51'000 Brennstäbe mit über 18 Millionen Pellets enthalten. Der Reaktorkern mit seinen Brennelementen ist von einem Druckbehälter umgeben. Der Reaktorkern enthält auch eine Kühlflüssigkeit und einen Moderator (ein Material das die Neutronen bremst und so die gewünschte Kernspaltung ermöglicht). Typischerweise wird Wasser verwendet, das sowohl als Kühlflüssigkeit als auch als Moderator wirkt. Kontrollstäbe dienen dazu, die Spaltreaktion zu verlangsamen oder zu unterbrechen. Wasser zirkuliert unter hohem Druck (150-160 Bar) durch den Reaktorkern. Ein primärer Kühlkreislauf enthält einen Druckhalter, welcher die Entwicklung von Wasserdampf limitiert, der die Spaltreaktion verlangsamt. Die Wärme im primären Kühlkreislauf wird auf einen sekundären Kühlkreislauf übertragen mit Hilfe eines Wärmetauschers. Im sekundären Kreislauf wird Wasserdampf erzeugt, der dann eine Turbine antreibt. Reaktor und Dampfgenerator werden durch eine dicke Stahl- und Betonstruktur geschützt.

Reaktoren der dritten Generation sind Fortentwicklungen der Reaktoren der zweiten Generation. Manche Designs sind evolutionär, während andere sich radikaler von Reaktoren der zweiten Generation unterscheiden. Unter den evolutionären Generation III Reaktoren finden sich sowohl Siedewasser- als auch Druckwasserreaktoren. Einige fortschrittliche Siedewasserreaktoren sind bereits in Betrieb, während andere noch im Bau begriffen sind. Fortschrittliche Druckwasserreaktoren laufen bereits in China, Russland und den Vereinigten Arabischen Emiraten. Das bekannteste radikale Design benutzt grosse «Pebbles» als Brennstoff und Helium als Kühlmittel (bei hohen Temperaturen). Reaktoren der vierten Generation befinden sich noch im Reisbrett- oder Versuchsstadium.

Eigenschaften die den Reaktoren der dritten Generation gemeinsam sind[51]:

- Ein standardisiertes Design für jeden Reaktortyp, um die Zulassung zu erleichtern und Kapitalkosten und Bauzeit zu reduzieren.
- Ein einfacheres und robusteres Design, um die Handhabung zu erleichtern und gegen operationelle Störungen resistenter zu machen.

- Höhere Verfügbarkeit und eine längere Laufzeit – typischerweise 60 Jahre.
- Reduzierte Wahrscheinlichkeit von Kernschmelzunfällen.
- Signifikante Schonfrist (Karenzzeit), sodass keinerlei aktive Intervention benötigt wird nach einer Abstellung des Kraftwerks für typischerweise 72 Stunden.
- Besserer Schutz gegen die Freisetzung von Radioaktivität nach einem Flugzeugeinschlag.
- Effizientere und vollständigere Nutzung von Brennstoffen und Reduktion der Menge von radioaktivem Abfall.
- Grössere Verwendung von sogenannten "poisons" (aufbrauchbare Moderatoren) um die Nutzungsdauer des Brennstoffs zu erhöhen.

Die neuen Designs inkorporieren auch sogenannte passive Regelmechanismen, um Unglücksfälle bei Störungen zu verhindern. Solche passiven Mechanismen benötigen keine Intervention eines Operateurs und keine Hilfsenergie. Sie beruhen auf physikalischen Eigenschaften wie Konvektion, Schwerkraft oder Resistenz gegen hohe Temperaturen. Manche der

Reaktoren der dritten Generation sind Last-folgend. Der europäische Druckwasserreaktor EPR (mehr dazu weiter unten) z.B. soll in der Lage sein, auch bei 25% seiner Nennleistung stabil zu arbeiten. Die Leistung soll relativ schnell hochgefahren werden können, mit einer Geschwindigkeit von 2,5% der Nennleistung/min bis 80% und dann mit 5%/min bis zur vollen Nennleistung. Einige Designs erlauben eine modulare Konstruktionsweise. Die Vorstellung dabei ist, dass auch grosse Teile solcher Anlagen in Fabriken hergestellt und erst danach zur Baustelle gebracht werden können. Man verspricht sich davon eine Verkürzung der Bauzeit.

Der EPR ist ein Druckwasserreaktor mit einer elektrischen Leistung von 1'650 MW (MW_e) and einer thermischen Leistung von 4'500 MW (MW_{th}). Seine kommerzielle Lebensdauer soll 60 Jahre sein. Die folgenden Erläuterungen von Sicherheitsvorrichtungen wurden frei übersetzt aus einer Präsentation von Leverenz und Göbel[52].

- Vereinfachung der Sicherheitssysteme deren Verlässlichkeit durch eine 4-fache 100%ige Redundanz gewährleistet ist.

- Eliminierung von systematischen Fehlern durch physische Separation und diverse Backupfunktionen.

- Verlängerte Karenzzeiten für Interventionen durch Vergrösserung der Wasserreservoire von Druckhalter und Dampfgenerator, usw.

- Reduzierte Sensitivität gegenüber menschlichen Fehlern durch optimierte Mensch-Maschine-Schnittstellen (voll digitalisierte Instrumentation, Status-orientierte Information durch moderne Betreiberinformationssysteme).

Das Design inkorporiert die folgenden Vorkehrungen:

- Prävention von Hochdruck Kernschmelzen durch hoch-verlässliche Wärmeabfuhrsysteme und «severe accident» Druckentlastungsventile.

- Verhinderung von Wasserstoffverbrennung durch Reduktion der Wasserstoffkonzentration im Sicherheitsbehälter mittels katalytischen Wasserstoff Rekombinatoren.

- Limitierung der Interaktion von Kernschmelze und Beton durch Auffangen des Materials in einem Kernschmelze Auffangbecken.

- Limitierung des Drucks im Sicherheitsbehälter durch ein Wärmeabfuhrsystem mit einem Sprühsystem, welches Abkühlung durch Rezirkulation durch die Kühlstruktur des Kernschmelze Auffangbeckens erzielt.

- Sammlung von allem geleckten Material und Verhinderung der Umgehung der Dämmung durch einen doppelwandigen Sicherheitsbehälter.

Der doppelwandige, verstärkte Beton Sicherheitsbehälter, das Kernschmelze Auffangbecken mit seinem passiven Kühlsystem, das Druckreduktionssystem und die redundanten aktiven Sicherheitssysteme sollten den EPR zu einem sehr sicheren Reaktor machen.

Die Häufigkeit eines Kernschmelzereignisses wurde auf $</= 1 \times 10^{-6}$ pro Reaktorjahr geschätzt[53].

Die ersten zwei EPR kamen in China ans Netz (Taishan 1 and 2). Der Originalvertrag sah den Bau von zwei Kraftwerken für eine Summe von EUR 8 Milliarden vor. Die Bauarbeiten, die etwa 46 Monate dauern sollten, begannen in 2009 und 2010. Die Arbeiten wurden mit einer Verspätung von ungefähr zwei Jahren abgeschlossen. Ich konnte keine Informationen zu den finanziellen Auswirkungen der Verspätung finden. Der kommerzielle Betrieb der Anlagen begann in den Jahren 2018 und 2019, respektive.

Die Konstruktion eines EPRs in Finnland (Olkiluoto 3) begann 2005. Die ursprünglich vereinbarten Kosten waren EUR 3,7 Milliarden. Die Bauarbeiten erfuhren Verspätungen von insgesamt mehr als 10 Jahren mit dem Resultat, dass die effektiven Kosten des Projektes auf etwa EUR 11 Milliarden zu stehen kamen. Die Anlage soll dieses Jahr ans Netz gehen.

Ein weiteres Projekt, Flamanville 3 in Frankreich, sollte ursprünglich EUR 3,3 Milliarden kosten. Die Arbeiten begannen 2007 und sind noch heute nicht abgeschlossen. Ein neuerer Prüfbericht veranschlagte die Endkosten des Projektes auf über EUR 19,1 Milliarden.

Zwei EPR sollen auch bei Hinkley Point (Grossbritannien) gebaut werden. Die voraussichtlichen Kapitalkosten belaufen sich auf EUR 26,4 – 27,6 Milliarden. Die Anlagen sollen 2026 stehen[54].

Kostenüberschreitungen scheinen ein endemisches Problem der Nuklearindustrie zu sein. Es muss angenommen werden, dass der Bau eines Kraftwerks der dritten Generation mit einer Leistung von mehr als 1'000 MW_e eine EUR >/= 10 Milliarden Angelegenheit bleibt. *Die 70 TWh zusätzliche Elektrizität, die wir voraussichtlich benötigen werden, könnten von 5 oder 6 EPR Kraftwerken erzeugt werden. Die Kapitalkosten wären EUR >/= 50 Milliarden. Dies ist bis 6-mal weniger als die geschätzten Kosten für Photovoltaikanlagen von vergleichbarer Leistung (günstigstes Szenario und ohne Berücksichtigung von zusätzlich notwendigen Investitionen z.B. in Pumpspeicherwerke).*

Es wird auch diskutiert, dass Kraftwerke der zweiten Generation bis zu 80 Jahre am Netz bleiben könnten, vorausgesetzt dass sie periodisch revidiert werden, damit ihre Sicherheit gewährleistet bleibt. Das älteste der Schweizer Kraftwerke könnte also möglicherweise bis 2049 weiterbetrieben werden. Es ist wahrscheinlich kostengünstiger, bestehende Anlagen weiterzubetreiben als sie zu ersetzen.

Viele Länder haben offenbar realisiert, dass sie ihre Klimaziele nicht allein mit dem Ausbau von grünen Technologien erreichen können und investieren deshalb in neue Kernkraftwerke. Heute sind etwa 440

Kernkraftwerke am Netz, und eine vergleichbare Anzahl von neuen Kernkraftwerken soll gebaut werden[55]. Zurzeit ist unklar, ob die Schweiz und Deutschland denselben Weg gehen werden. Nach den Ereignissen in Fukushima haben sich beide Länder zu einem Ausstieg aus der Kernkraft verpflichtet. Wir Schweizer beschlossen sogar in einer Volksabstimmung, die Konzessionierung von neuen Kernkraftwerken zu verbieten. Immerhin ist heute das Thema Kernkraftwerke nicht mehr tabu. Eine öffentliche Diskussion findet sowohl in der Schweiz als auch in Deutschland wieder statt.

Die bekannten Reserven von Uran, die zu vernünftigen Kosten (USD 130/kg Uranerz) abgebaut werden können, sollten ausreichen, um den gegenwärtigen Bedarf für 100+ Jahre zu decken[56]. Natürlich werden neue Kraftwerke diese Reserven zusätzlich strapazieren. Es existieren Technologien, die es uns ermöglichen würden, Kernkraftwerke über Tausende von Jahren zu betreiben. Uranerz enthält typischerweise etwa 0,7% ^{235}U und 99,3% ^{238}U. Konventionelle thermische Reaktoren beruhen auf der Spaltung des Uranisotops 235. In schnellen Brutreaktoren (auch «flüssigmetallgekühlte Reaktoren genannt) wird durch Bombardierung von ^{238}U mit energiereichen Neutronen spaltbares Material generiert[57]. Uran wird so beinahe vollständig verwertet. Die Reaktoren können deshalb etwa 100-mal effizienter arbeiten als thermische Reaktoren. Die schnellen Brutreaktoren verbrauchen also wesentlich weniger Uran zur Erzeugung einer bestimmten Strommenge als thermische Reaktoren. Infolgedessen wird sich die Stromproduktion auch dann noch lohnen, wenn die Kosten für die Extraktion von Uran um ein Vielfaches höher sind als heute. Mit anderen Worten, die abbauwürdigen Uranreserven vergrössern sich um ein Vielfaches. Es ist auch erwähnenswert, dass die allermeisten Abfallprodukte von schnellen Brutreaktoren (aber nicht von thermischen Reaktoren) nach weniger als 500 Jahren harmlos sind. Bei Verwendung solcher Reaktoren würde sich die ungelöste Aufgabe der langfristigen Lagerung von radioaktiven Abfällen wesentlich einfacher gestalten. Der erste schnelle Brutreaktor wurde bereits in den 1950er Jahren gebaut, und mehrere weitere solche Reaktoren wurden seither erstellt und über mehrere Jahre erfolgreich getestet. Sicherheitsbedenken erodierten das Interesse an schnellen Brutreaktoren in den 1980er Jahren. (Typischerweise benutzen diese Reaktoren flüssiges

Natrium als Kühlmittel. Natrium reagiert mit Wasser, was Brände und Explosionen zur Folge haben kann.) Zurzeit wird dieser Technologie wieder vermehrt Beachtung geschenkt. Das Unternehmen General Electric-Hitachi hat den sogenannten PRISM Reaktor entwickelt, der wesentlich sicherer sein soll als die früheren Designs[58,59].

Viele Länder experimentieren mit Brutreaktoren, die Thorium als brütbares Material verwenden. Solche Reaktoren (auch «Thorium Flüssigsalzreaktoren» genannt) sollten inhärent sicherer sein als die oben besprochenen thermischen Reaktoren und flüssigmetallgekühlten Brutreaktoren. Zu deren Vorteilen zählt, dass sie hauptsächlich wenig langlebigen radioaktiven Abfall erzeugen. Die Vorkommen von Thorium sind wesentlich grösser als die von ^{235}U. Deswegen wird von Thorium Reaktoren auch als 1'000+ Jahre Lösung gesprochen.

8. Wie sollte ein rationaler Ansatz zur Reform des Energiesystems aussehen?

28. März 2022

Wie zuvor diskutiert, ist eine Energiewende, die ausschliesslich auf grüne Energiequellen setzt, unvernünftig weil kaum realisierbar. Die Kosten für den konsequenten Ausbau der Photovoltaik wären unglaublich hoch, die Investitionen von grauer Energie gigantisch, und die Verschandelung von Ortsbildern und Landschaft unakzeptabel. Die benötigte Menge von Photovoltaikmodulen und Zubehör wäre wohl kaum aufzutreiben. Die kurzfristige Speicherung von photovoltaischem Strom für den Ausgleich des ungünstigen Tagesverlaufs der photovoltaischen Produktion und zur Pufferung von Wetterschwankungen wäre eine zusätzliche Herausforderung. Aufgrund der geographischen Gegebenheiten der Schweiz wäre eine Speicherung mittels Pumpspeicherwerke wohl die naheliegendste Lösung. Die Verluste der Pumpspeicherung sind relativ gering (etwa 20%). Bloss müssten wir dafür zusätzliche Investitionen tätigen, da die vorhandene Kapazität bei weitem nicht ausreichen würde. Skalierbare Lösungen für die Speicherung von photovoltaischem Sommerstrom für das Winterhalbjahr existieren zurzeit noch nicht. Obwohl die Produktion von im alpinen Raum installierten Photovoltaikanlagen ausgeglichener ist, müsste dennoch Sommerstrom gespeichert werden z.B. für den Betrieb von Wärmepumpenheizsystemen und für den Ausgleich der niedrigeren Stromproduktion von hydroelektrischen Kraftwerken im Winterhalbjahr.

Befürworter dieses Ansatzes (die «grüne Energiewende») nehmen das Problem der Speicherung von Sommerstrom auf die leichte Schulter und parlieren vom Einsatz von P2G Technologien. In Tat und Wahrheit sind diese Technologien noch in der Entwicklung begriffen. Im ungünstigsten Fall, dass (fast) alle Photovoltaikanlagen im Mittelland erstellt würden, müssten, wie im vierten Kapitel abgeschätzt, etwa 42 TWh Sommerenergie in latenter Form für das Winterhalbjahr gespeichert werden (s. Kapitel 4, Szenario 2). Die zu speichernde Energiemenge wäre so riesig, weil bei einer Speicherung mittels P2G Technologien etwa die Hälfte davon oder mehr verloren ginge. Egal ob der Energieträger Wasserstoff, Methan oder Methanol wäre, gewaltige Mengen dieser Energieträger müssten über die

Elektrolyse von Wasser hergestellt werden. Unsummen müssten in den Bau von Elektrolyseanlagen mit der benötigten Gesamtkapazität investiert werden. Der Bau solcher Anlagen würde auch gigantische Energieausgaben und damit verbundene Treibhausgasemissionen zur Folge haben, vom Verschleiss von materiellen Ressourcen (z.B. seltenen Metallen) ganz abgesehen. Wie wir am Beispiel von Wasserstoff gesehen haben (s. Kapitel 4, Szenario 2), würden für eine Speicherung in flüssiger Form etwa 4'000 Riesentanks von je 3,5 Millionen l benötigt. Je nach Energieträger müssten neue Verteilsysteme aufgebaut werden. Schliesslich müsste eine entsprechende Anzahl von Geräten, Maschinen, Anlagen und Fahrzeugen produziert werden, die wahlweise mit dem gewählten Energieträger oder Strom betrieben werden könnten.

Die Befürworter der grünen Energiewende rechnen auch mit einer signifikanten Abnahme des Energieverbrauchs. Wie im zweiten Kapitel besprochen, erscheint es als eher unwahrscheinlich, dass ein Grossteil der Bevölkerung ihren Energiekonsum aus eigenem Antrieb drastisch reduzieren wird. Hingegen ist es leicht einzusehen, dass der Verbrauch von Elektrizität massiv ansteigen wird, wenn Strassenverkehr und Wärmeerzeugung konsequent elektrisch betrieben werden. Radikale Veränderungen in der Lebensweise der Menschen, die einen wesentlich geringeren Verbrauch von Energie in Haushalten und Gebäuden, von Gütern und der Inanspruchnahme von Dienstleistungen, und wesentlich weniger Mobilität (individueller Strassenverkehr, Flugreisen usw.) zur Folge hätten, könnten wohl nur mit einschneidenden Regulierungsmassnahmen erzwungen werden. Stellen Sie sich bloss die Verwerfungen vor, wenn alle Immobilienbesitzer gesetzlich dazu verpflichtet würden, ihre Liegenschaften, Einfamilienhäuser oder Wohnungen umgehend energetisch zu sanieren, wohlverstanden auf eigene Kosten, und, für Vermieter, ohne jegliche Sicherheit, dass diese Kosten auf Mieter abgewälzt werden könnten. Die Mehrzahl (61%) der Gebäude mit Wohnnutzung wurde vor 1980 gebaut, müssten also saniert werden. Oder wenn die wöchentliche Fahrleistung von Personenwagen oder Motorrädern auf 100 km beschränkt würde, oder wenn Flugreisen mit einer saftigen Lenkungsabgabe verteuert würden. Es erscheint als eher unwahrscheinlich, dass eine Mehrheit solche Regulierungsmassnahmen unterstützen würde.

Wie auch bereits angesprochen, dass der allzu «zögerliche» Ausbau unserer Stromproduktion mit zusätzlichen Stromimporten kompensiert werden könnte, könnte sich als Illusion erweisen. Alle umliegenden Länder haben ähnliche Probleme wie wir. Schon deshalb muss erwartet werden, dass es zunehmend schwieriger werden wird, grössere Strommengen zu importieren. Die Vorstellung Winterstromlücken (oder wohl eher ganzjährliche Stromlücken) mittels Gasturbinenkraftwerken zu überbrücken, kollidiert frontal mit dem grünen Energiekonzept.

Die Schwierigkeiten mit dem Ersatz von fossilen mit grünen Energien würden etwas abgefedert durch den Weiterbetrieb der existierenden Kernkraftwerke (idealerweise für eine Laufzeit von 80 Jahren), die ja ebenfalls karbonfreien Strom liefern. Im Gegensatz zur Photovoltaik ist Strom (und Wärme) von Kernkraftwerken eine Grundlastenergie und ist nicht saisonalen Schwankungen unterworfen. (Fortschrittliche Kraftwerke sind sogar Last-folgend.) *Im Sinne einer Übergangslösung wäre es wahrscheinlich klug, einige neue Kernkraftwerke zu bauen. Ich bin der Ansicht, dass unser zusätzlicher Strombedarf längerfristig mittels geothermischer Kraftwerke befriedigt werden sollte (mehr dazu weiter unten). Da es sich dabei um eine neue Technologie handelt, nehme ich an, dass wir zuerst eine Lernperiode durchlaufen müssten, bevor ein Grossausbau dieser Technologie unternommen werden könnte. Kernkraftwerke der dritten Generation könnten relativ schnell erstellt werden* (mit einer Bauzeit von ungefähr 5 Jahren). Erfahrungen mit solchen Kraftwerken wurden ja bereits seit Jahren gesammelt. Die neuen Kraftwerke würden die Stromproduktion mittelfristig erhöhen. Danach böten sie Ersatz für die bestehenden Kraftwerke bei Erreichung derer maximalen Laufzeit. Gegenwärtig verbietet das revidierte Kernenergiegesetz von 2003 die Erteilung von Rahmenbewilligungen für den Bau neuer Kernkraftwerke. Befürworter der grünen Energiewende wehren sich vehement dagegen, dass der Bau von neuen Kernkraftwerken wieder erlaubt wird. Deren Opposition scheint z.T. ideologisch motiviert zu sein. Die Kernkraftindustrie hat die letzten Jahrzehnte, während denen ihr Geschäft stagnierte, dazu verwendet, neue Designs für sicherere Kernkraftwerke zu entwickeln. Dennoch scheinen auch Sicherheitsbedenken immer noch eine gewichtige Rolle in der wiederaufkommenden Diskussion zu spielen. Ein weiteres Argument, das häufig angeführt wird, betrifft die angeblich hohen Kosten von Strom aus Kernkraftwerken. Es wird behauptet, dass Strom aus Kernkraftwerken erheblich teurer sei als Strom von photovoltaischen Anlagen. Das Argument hält möglicherweise einer genaueren Prüfung nicht stand. Ein neuerer Bericht kam zum Schluss, dass Strom aus photovoltaischen Anlagen etwa doppelt so teuer sei wie Strom von Kernkraftwerken[60]. Des Weiteren wird oft angeführt, dass der Bau eines neuen Kernkraftwerks 20-30 Jahre in Anspruch nehmen würde und dass dies mit dem angestrebten Emissionsreduktionsfahrplan nicht vereinbar sei. Dieses Argument (das übrigens bereits seit vielen Jahren zu hören ist) ist nicht ehrlich und ist wohl eher als «Strassensperre» zu verstehen. Solange nichts angegangen wird, werden wir immer die erwähnten 20-30 Jahre vor uns haben. Ausserdem suggeriert es, dass der Aufbau einer entsprechenden Photovoltaikkapazität schneller realisiert werden könnte, was durchaus bezweifelt werden darf.

Die Stimmbevölkerung müsste davon überzeugt werden, dass der Bau von neuen Kernkraftwerken notwendig ist zur (vielleicht verspäteten) Erreichung der deklarierten CO_2 Emissionsziele. Würde das Verbot der Erteilung von

Rahmenbewilligungen von den Wählern gekippt, könnten solche Bewilligungen für geeignete Projekte wieder erteilt werden. Sicherlich gäbe es Beschwerden, und Garantien oder Teilfinanzierungen durch die öffentliche Hand müssten von der jeweiligen Stimmbevölkerung gebilligt werden. Dennoch, Abstimmungen können gewonnen werden, und Beschwerden können behördlich oder gerichtlich abgearbeitet werden. Die Erfolgsaussichten an der Urne von Projekten zur Erstellung von neuen Kernkraftwerken wären wahrscheinlich grösser als diejenigen von Gesetzesvorlagen, die den Lebensstil (inklusive Vermögen und finanzieller Sicherheit) eines Grossteils der Bevölkerung einschneidend zu beeinträchtigen suchten.

Die Entwicklung der tiefen Geothermie hat bedeutende Fortschritte gemacht seit den Erdbeben, die zur Aufgabe von EGS (enhanced geothermal systems) Projekten in Basel und St. Gallen führten. AGS (advanced geothermal systems) Technologien wie diejenige von Eavor eliminieren ein inhärentes Schlüsselrisiko der EGS Technologien, nämlich das eines ungenügenden Flüssigkeitsflusses durch das induzierte Gesteinsreservoir. Ausserdem können seismische

Ereignisse weitgehendst ausgeschlossen werden. Des Weiteren kann die Gefahr einer Verschmutzung durch die Arbeitsflüssigkeit vermieden werden. Schliesslich muss die Arbeitsflüssigkeit nicht mehr gepumpt werden, was die Effizienz der Anlagen erhöht. Kontaktfreie Bohrmethoden wurden entwickelt. Besonders interessant scheint die PPGD (Plasma Pulsed Geo Drilling) Technologie von GA Drilling zu sein. Das Unternehmen konnte demonstrieren, dass seine Technologie im Prinzip funktioniert. Gegenwärtig bereitet es Tiefenbohrungen in Finnland vor. Kontaktfreie Bohrmethoden versprechen die Bohrkosten signifikant zu senken, was die Attraktivität der Erschliessung von tiefer geothermischer Energie erheblich erhöhen würde.

Tiefengeothermische Energie (d.h. Wärme aus der Tiefe) ist karbonfrei. Es ist die ultimative nachhaltige Energie und auch die einzige nachhaltige Bandenergie neben der Wasserkraft. (Ich schliesse hier die Kernkraft nicht mit ein, da auch die nächste Generation von Kraftwerken mit dem relativ seltenen Uranisotop 235 arbeiten wird.) Sie ist überall vorhanden und dies für eine geologische Zeitdauer. Zudem kann eine Anlage zur Nutzbarmachung von tiefer geothermischer Energie Last-folgend betrieben werden. Ausserdem weist sie einen kleinen (physischen) Fussabdruck auf, da beinahe alles unterirdisch ist (oder sein kann). Verglichen mit einem Kernkraftwerk sind die Risiken für die Bevölkerung und die Umwelt de minimis. Keine Brennstoffe müssen importiert werden, und kein Abfall wird produziert, der entsorgt oder exportiert werden muss. Deshalb kann die Nutzung von tiefer geothermischer Energie autonom betrieben werden, und es entstehen keine Auslandabhängigkeiten. Es darf erwartet werden, dass die Konstruktion eines Kraftwerkes, das Strom mittels tiefer geothermischer Wärme produziert, in einigen Jahren günstiger zu stehen kommen wird als die eines Kernkraftwerkes mit vergleichbarer Leistung. Infolgedessen wird die tiefe Geothermie auch billigeren Strom liefern als die Photovoltaik. Auch wenn die meisten technischen Hürden genommen zu sein scheinen, ein Restrisiko bleibt. Schlüsselfertige geothermische Elektrizitätswerke sind gegenwärtig nicht zu haben.

Alles in allem glaube ich, dass jetzt die richtige Zeit gekommen ist, die Nutzbarmachung von tiefer geothermischer Energie zur Priorität zu erklären. Die Planung von kommerziellen Kraftwerken sollte nachdrücklich ermutigt werden, und nach Möglichkeiten staatlicher Garantien und der Finanzierung oder Mitfinanzierung (die über die im Energiegesetz von 2016 vorgesehenen Möglichkeiten hinausgehen) sollte dringlich gesucht werden.

Ich schlage nicht vor, dass wir alle anderen Energiequellen links liegenlassen und ausschliesslich auf tiefe Geothermie setzen sollten. Alle Quellen von nicht-fossiler Energie sollten genutzt werden. Ein sinnvoller Ausbau der Photovoltaik kann durchaus fortgesetzt werden, aber um Himmels Willen ohne den gegenwärtigen Anspruch auf Ausschliesslichkeit. Bestehende Kernkraftwerke sollten solange wie möglich weiterbetrieben werden, und neue sollten zugebaut werden. Das längerfristige Ziel sollte eine Transition zu tiefer Geothermie als Hauptlieferant von Elektrizität (neben der Wasserkraft) sein.

9. Korollar

April 7, 2022

Wie in vorherigen Kapiteln besprochen, könnten Verhaltensänderungen und ein bescheidener Lebensstil viel zur Verminderung des Verbrauchs von fossilen Kraftstoffen und den damit einhergehenden Treibhausgasemissionen beitragen. Wenn alle auf ihr Privatfahrzeug verzichteten, würden etwa 85% weniger Benzin und fast 30% weniger Diesel verbraucht. Wenn jedermann den öffentlichen Verkehr statt dem Privatfahrzeug benutzen und kleinere Strecken mit dem Fahrrad oder zu Fuss bewältigen würde, dann würde der Verbrauch von fossiler Energie um etwa 32,0 TWh sinken. (Der Gesamtverbrauch 2019 von fossiler Energie (Erdölprodukte und Erdgas) betrug 145 TWh.) Flexiblere Arbeitszeiten und Home Office würden dazu beitragen, dass der öffentliche Verkehr nicht überlastet wird. Die 2019 in der Schweiz getankten Flugtreibstoffe hatten einen Energiegehalt von 22,5 TWh. Wenn der damit betriebene Flugverkehr z.B. um 2/3 gesenkt werden könnte, dann würden 15 TWh fossile Energie eingespart. Verzicht aufs Privatfahrzeug und weniger Flugreisen würden den Gesamtverbrauch von fossilen Kraftstoffen auf etwa 68% des gegenwärtigen (2019) Verbrauchs reduzieren. Diese Einsparungen könnten ohne grössere neue Infrastrukturinvestitionen erzielt werden. In einer demokratischen Gesellschaft wie der unsrigen können solche Veränderungen der Lebensweise nicht einfach legisferiert werden. Jeder und jede wird für sich selbst entscheiden müssen, ob er oder sie sich derart einschränken will. Weitere öffentliche Kampagnen von glaubwürdigen Organisationen wären sicher hilfreich. Dennoch muss angenommen werden, dass sich auf freiwilliger Basis bloss ein Teil der obengenannten Einsparungen realisieren lassen wird.

Selbst wenn ein Teil der Bevölkerung aufs Privatfahrzeug und Flugreisen verzichten würde, wären wir noch weit entfernt vom deklarierten Ziel, möglichst keine fossilen Energien mehr zu verwenden. Um dieses Ziel zu erreichen, müssten die meisten Prozesse, die heute fossil angetrieben werden, elektrifiziert werden. Am ehesten erreichbar sollte eine Elektrifizierung des privaten Verkehrs und des durch den Dienstleistungssektor verursachten Verkehrs sein. Schwieriger aber ebenfalls erzielbar sollte eine Umstellung auf Wärmepumpen-basierte Heizsysteme sein. Ich glaube, dass eine vernünftige Kampagne die Menschen dazu bringen könnte, ein Verkaufsverbot für neue konventionelle Fahrzeuge ab einem bestimmten Datum (2030 oder 2035?) zu unterstützen. Ein weit im Voraus bekanntes Verbot sollte Private und den Dienstleistungssektor nicht übermässig belasten. Allein diese Massnahme würde zu einer allmählichen Reduktion des Verbrauchs von fossilen Energien von schätzungsweise 32% führen. (Notiz vom 8. Juni: das EU-Parlament hat soeben einem Verbot der Inverkehrsetzung ab 2035 von neuen Personenwagen und Transportern (<3,5 t), die mit Verbrennungsmotoren angetrieben sind, zugestimmt.)

Den Immobilienbesitzern sollte so rasch wie möglich gesetzlich vorgeschrieben werden, dass sie konventionelle Heizsysteme nur noch mit Wärmepumpensystemen ersetzen können. Wenn man annimmt, dass die durchschnittliche Lebensdauer eines Heizsystems etwa 20 Jahre beträgt, dann würde nach 2040 nurmehr wenig und einige Jahre später überhaupt kein Öl oder Erdgas mehr für Heizzwecke verwendet werden. Der Verbrauch von fossiler Energie würde so um etwa 34% vermindert. Die Schwierigkeit wird natürlich bei der Finanzierung des Unterfangens liegen. Die Mieter müssten an der Amortisation der Mehrkosten eines neuen Wärmepumpensystems beteiligt werden können. Der Bund könnte es sich leisten, über eine Zeitdauer von 20 Jahren, allen Immobilienbesitzen eine Einmalvergütung von mindestens 5'000 Franken auszurichten. Die Mittel könnten von der CO_2 Abgabe herkommen, vorausgesetzt, dass auf den unsinnigen Rückverteilmechanismus verzichtet wird[61]. Wie auch immer die vorgeschlagene Finanzierung aussehen wird, es wird grosser Anstrengungen bedürfen, ein entsprechendes Gesetz erfolgreich durch eine Volksabstimmung zu bringen. Aber es muss geschehen. Insgesamt würde die Elektrifizierung des leichten Strassenverkehrs und die konsequente Einführung von Wärmepumpenheizsystemen den Verbrauch von fossilen Energien um ungefähr 66% reduzieren.

Für den übrigen Verbrauch von fossiler Energie sind hauptsächlich die Industrie, die Luftfahrt und der Schwerverkehr verantwortlich. In diesen Bereichen müsste eine Verminderung des Verbrauchs von fossilen Kraftstoffen wohl über Innovationsförderung und eine höhere Besteuerung erwirkt werden.

Die «Elektrifizierung von allem» wird den Elektrizitätsbedarf dramatisch erhöhen. Leider scheint die Regierung über keine Strategie zu verfügen, die geeignet wäre, die Stromproduktion so zu erhöhen, dass sie dem voraussichtlichen Bedarf genügen wird. Sie begnügt sich im Wesentlichen mit einer bescheidenen Förderung der

Photovoltaik (gemäss dem Energiegesetz von 2016 und dem Vorschlag für ein «Bundesgesetz über eine sichere Stromversorgung mit erneuerbaren Energien» von 2021). Das Verbot von Rahmenbewilligungen für neue Kernkraftwerke bleibt (vorläufig) bestehen. Wie im dritten Kapitel besprochen, wird der zusätzliche Strombedarf riesig sein, und die Zuschaltung von einigen neu zu erstellenden Gasturbinenkraftwerken mit einer Gesamtleistung von 1'000 MW wird um eine Grössenordnung zu gering sein, um den zusätzlichen Bedarf abzudecken. Daran zu glauben, dass der erwartete zusätzliche Bedarf durch erhöhte Importe gedeckt werden könnte, ist zugleich naiv und gefährlich. Auch wenn der Import der benötigen riesigen Strommengen möglich wäre, würde dies unsere Abhängigkeit von den Exportländern nochmals vergrössern. Eine Konsequenz einer solchen Abhängigkeit können wir gerade in Echtzeit erleben. Deutschland hat sich in eine derartige Abhängigkeit von russischem Erdgas begeben, dass es mindestens kurzfristig ausserstande ist, seinen Energiebedarf ohne diese Importe zu decken. Infolgedessen kann und will das Land keine Sanktion unterstützen, die einen europaweiten sofortigen Boykott von russischem Erdgas zum Ziel hätte. Experten glauben, dass ein solcher Boykott die Beendigung der Kriegshandlungen in der Ukraine deutlich beschleunigen könnte. Noch schlimmer, Russland könnte jederzeit die Erdgaslieferungen nach Europa ganz einstellen mit dramatischen Folgen für die deutsche Wirtschaft.

Es ist also äusserst wichtig, dass die zusätzlich benötigte Elektrizität im Inland produziert wird. Die Betrachtungen im vierten Kapitel legen nahe, dass Strom von photovoltaischen Anlagen nur relativ wenig dazu beitragen wird. Ein konsequenter Ausbau der Photovoltaik wird kaum möglich sein. Die Kosten von Anlagen, Gebäudesanierungen und weiteren notwendigen Infrastrukturausbau wären schlicht zu hoch. Ganz Europa scheint auf den Ausbau der Photovoltaik zu setzen. Die benötigte Anzahl von Modulen und notwendigem Zubehör wäre wahrscheinlich gar nicht beschaffbar. Photovoltaikanlagen müssten etwa alle 20 Jahre ersetzt werden. Der massive Verschleiss von finanziellen Mitteln, Energie und materiellen Ressourcen würde damit perpetuiert. Photovoltaische Systeme produzieren keine Bandenergie. Kurzfristige Schwankungen in der Produktion (Tagesverlauf, Wetter) von insularen Anlagen (z.B. in Einfamilienhäusern) könnten mittels Batterien ausgeglichen werden. Schwankungen in der landesweiten Produktion könnten kaum auf diese Weise kompensiert werden. Noch abenteuerlicher ist die Vorstellung, die Speicherung von überschüssiger Sommerelektrizität aus der Photovoltaik für das Winterhalbjahr mittels Batterien zu bewerkstelligen. Auch wenn alle photovoltaischen Anlagen im alpinen Raum installiert würden, müssten immer noch beträchtliche Strommengen für den Winter gespeichert werden, etwa zur Alimentierung der Wärmepumpen-getriebenen Heizsysteme und zur Kompensierung der niedrigeren hydroelektrischen Produktion im Winter. Für die saisonale Speicherung von photovoltaischer Elektrizität müssten noch unerprobte P2G Technologien eingesetzt werden. Damit verbunden wäre auch der Bau von Elektrolyseanlagen zur Herstellung von Wasserstoff sowie die Errichtung von Brennstoffzellenanlagen zur Rückgewinnung der gespeicherten Energie in der Form von Elektrizität (und die Umrüstung von Fahrzeugen, Anlagen und Geräten auf Wasserstoff Teilbetrieb). Wie bereits besprochen, wäre die Lagerung von Wasserstoff (in flüssiger Form oder vielleicht dereinst in komprimierter Form) äusserst aufwendig. Möglicherweise würde das flüssige Methanol als Energieträger bevorzugt. Dafür müssten Anlagen zur Synthese von Methanol aus Wasserstoff errichtet werden. Ausserdem müsste CO_2 zur Verfügung stehen, welches durch Verbrennung von Holz oder Abfällen gewonnen werden könnte. Die dabei anfallende Wärmeenergie könnte zur Stromproduktion oder zu Heizwecken verwendet werden. Die Holzbeheizung von Gebäuden müsste möglicherweise der Methanol Herstellung weichen. Die Verwendung von P2G Technologien ist mit hohen Verlusten behaftet. Ein Vergleich der zweiten und dritten im vierten Kapitel präsentierten Szenarien vermittelt eine Vorstellung der Auswirkungen solcher Verluste.

Neben der Wasserkraft stehen uns bloss zwei karbonfreie Technologien zur Verfügung, die Bandenergie liefern können bzw. von denen erwartet werden kann, dass sie dazu imstande sind. Es handelt sich dabei um Kernkraftwerke und geothermische Kraftwerke. Kernkraft wird seit den 1950er Jahren genutzt. Moderne Designs von Kernkraftwerken, die eine erhöhte Sicherheit gewährleisten sollten, wurden entwickelt. Ein negativer Aspekt der Nutzung von Kernkraft ist, dass partiell verbrauchter radioaktiver Brennstoff über eine lange Zeit sicher gelagert muss. Nach Lösungen für eine solche «permanente» Lagerung wird noch immer gesucht. Wie im siebten Kapitel erwähnt, könnte dieses Problem möglicherweise durch den Einsatz von Brutreaktoren anstelle von thermischen Reaktoren verringert werden. Leider ist dies noch weitgehend Zukunftsmusik. Auch muss der nukleare Brennstoff importiert werden. Allerdings wäre diese Abhängigkeit von den Exportländern weniger gravierend als im Fall von Erdgas, für welches wir keine Speicherkapazitäten besitzen, oder von Erdöl, für welches nur beschränkte Speicherkapazitäten bestehen. Nukleare Brennstoffe weisen eine extrem hohe Energiedichte auf. Genügend grosse Quantitäten, um den Betrieb von Anlagen über eine längeren Zeitraum zu gewährleisten, könnten gelagert werden.

Tiefe Geothermie, d.h. Wärme aus der Tiefe, ist die ultimative nachhaltige Energie. Diese Energie kann überall erschlossen werden und steht für eine geologische Zeitdauer zur Verfügung. Der Bau von AGS Kraftwerken (z.B. die Eavor Systeme) sollte keine Seismizität hervorrufen. Der Betrieb solcher Kraftwerke verbraucht keine Energie und produziert keine Abfälle. Ein realistisches Pilotprojekt hat gezeigt, dass die Technologie funktioniert. Grössere Kraftwerke (200 MW$_e$) könnten gebaut werden. Wenn wir uns mit der Frage befassten, ob wir uns auf diese Technologie einlassen sollten, dann würden wohl zwei Aspekte im Vordergrund stehen. Erstens steht die Realisierung von kommerziellen Projekten noch am Anfang. Wir müssten also dazu bereit sein, uns unter die Pioniere einzureihen. Zum Zweiten wäre der Bau solcher Kraftwerke teuer. Wenn konventionelle Bohrtechniken verwendet würden, dann wären die Gestehungskosten eines geothermischen Kraftwerks wahrscheinlich höher als die eines Kernkraftwerkes der dritten Generation von vergleichbarer Leistung. Die hohen Bohrkosten sind also ein Schlüsselfaktor. Es darf erwartet werden, dass neue kontaktfreie Bohrtechniken, die sich gegenwärtig in einem fortgeschrittenen Teststadium befinden, die Bohrkosten signifikant reduzieren werden. Ein Kraftwerk, das tiefe geothermische Energie zur Stromerzeugung nutzt, könnte dann zu einem Preis gebaut werden, der einiges unter dem eines vergleichbaren Kernkraftwerkes liegt. Wir müssten uns auf diese informierten Kostenschätzungen verlassen und verbleibende

Technologierisiken akzeptieren. Ich bin der Ansicht, dass die Regierung rasch möglichst die Grundlagenarbeit leisten sollte, die es ihr ermöglichen würde, den Energiesektor an einer kommerziellen Nutzung von tiefer geothermischer Energie zu interessieren. Es dürfte notwendig sein, die Industrieakteure mit finanziellen Garantien zu unterstützen und/oder Projekte mit öffentlichen Geldern mitzufinanzieren. Die Stimmbevölkerung müsste davon überzeugt werden, dass es sinnvoll und wichtig ist, die notwendigen Ausgaben zu bewilligen.

Wie ebenfalls bereits besprochen, glaube ich, dass die Realisierung von neuen Kernkraftwerken und geothermischen Kraftwerken parallel angegangen werden sollte. Das längerfristige Ziel wäre, unseren zusätzlichen Strombedarf hauptsächlich mittels Geothermie zu decken und uns damit schliesslich auch von unserer zwischenzeitlichen Abhängigkeit von Atomstrom zu lösen.

Selbst wenn es uns gelänge, unsere Stromproduktion so zu erhöhen, dass wir über die «Elektrifizierung von allem» unsere Treibhausgasemissionen dramatisch senken oder sogar eliminieren könnten, hätten wir erst einen Teil der von uns verursachten Emissionen beseitigt. Wir importieren Metalle, Sand und Kies, landwirtschaftliche Produkte, Motorfahrzeuge, Velos, Flugzeuge, elektrische und elektronische Geräte, Möbel, Verpackungsmaterialien usw. Die Gewinnung, Aufarbeitung, Herstellung, und der Transport aller dieser Materialien und Produkte haben versteckte Emissionen im Ausland zur Folge, bevor sie bei uns ankommen. Eine etwas datierte Studie berechnete, dass 2005 etwa ein Drittel aller Treibhausgasemissionen in China aus der Exportproduktion für Industrieländer stammte[62]. Eigentlich sollten wir für die Emissionen, die unseren Importen zugerechnet werden können, Verantwortung übernehmen. Die Kosten der Verminderung dieser Emissionen im Ausland sind mit ziemlicher Sicherheit nicht in den von uns bezahlten Preisen mitinbegriffen. Wie könnten Preise aussehen, die diese Kosten berücksichtigten? Ein Beispiel: im günstigsten Fall (letztes Szenario im 4. Kapitel) müssten wir etwa 4 Franken investieren, um 1 kWh pro Jahr zusätzliche Elektrizität während 20 Jahren (Lebensdauer der photovoltaischen Anlagen) produzieren zu können. Eine kWh karbonfreier Elektrizität kostet uns also 20 Rappen. Der Energieaufwand für die Herstellung des elektrischen

SUVs des Typs EQC von Mercedes beläuft sich auf über 100'000 KWh. Nehmen wir dem Beispiel zuliebe an, dass es sich dabei um elektrische Energie handelt. Die Kosten für die Emissionsverhinderung bei der Herstellung des Fahrzeugs würden sich auf etwa 20'000 Franken rechnen. Wenn der karbonfreie Strom von einem Kernkraftwerk herkäme, wären die Kosten der Emissionsverhütung um etwa eine Grössenordnung geringer (aufgrund den niedrigeren Baukosten und der längeren Laufzeiten von Kernkraftwerken).

10. Abschliessende Gedanken

9. Juli 2022

Unser Kernproblem ist genügende zusätzliche Strommengen Last-folgend und karbonfrei zu erzeugen, um eine «Elektrifizierung von allem» zu ermöglichen. Sowohl Kernkraftwerke also auch geothermische Kraftwerke würden sich dazu eignen. Wie sähe unsere Strategie zur Erreichung der Emissionsziele aus, wenn wir auf eine konsequente Nutzung von geothermischer Elektrizität setzen würden?

Die energetische Sanierung von Gebäuden würde an Wichtigkeit verlieren. Wir hätten ja genügend karbonfreien Strom zur Verfügung. Die 420 Millionen Franken pro Jahr an Fördergeldern könnten anderen Zwecken zugeführt werden. Zusätzliche Effizienzgewinne bei Geräten aller Art wären ebenfalls nicht kritisch.

Die Umrüstung auf Batterie-elektrische Fahrzeuge könnte abgebrochen werden. Eine Fokussierung auf Batterie-elektrische Fahrzeuge ist eigentlich unsinnig, wenn man bedenkt, wieviel (nicht-erneuerbare) Energie und materielle Ressourcen bei der Herstellung von Batterien verbraucht werden. Zudem sind Batterie-elektrische Fahrzeuge sehr viel schwerer als konventionelle Fahrzeuge, da sie ja Hunderte von Kilos an Batterien mitschleppen müssen, was der Effizienz der Fahrzeuge abträglich ist. Vorausgesetzt, dass die P2G Technologien bald genügend ausgereift sein werden, könnten Fahrzeuge mit Wasserstoff fahren, der durch Elektrolyse von Wasser hergestellt würde. Wir hätten genügend Strom zur Verfügung, um die Energieverluste dieser Technologien verkraften zu können. Unsere Fahrzeuge könnten auch mit synthetischem Methanol (oder vielleicht sogar Äthanol) betrieben werden, was den Vorteil hätte, dass keine neuen Speicher- und Verteilsysteme aufgebaut werden müssten. Die Fahrzeuge könnten durch einen elektrischen Motor oder sogar einen Verbrennungsmotor angetrieben sein.

Die Saisonalität des Heizens und die gegenläufige Saisonalität der hydroelektrischen (und der photovoltaischen) Produktion würden keine grossen Probleme mehr aufwerfen. Sie könnten von den Last-folgenden geothermischen Kraftwerken ausgeglichen werden.

Ein Grossausbau der Photovoltaik müsste nicht auf Biegen und Brechen durchgedrückt werden. Der dafür notwendige Energieaufwand, der massive Verschleiss von materiellen Ressourcen und die riesigen Ausgaben könnten vermieden werden. Auch die mit der Errichtung der Anlagen und dem Bau/Ausbau von zusätzlich benötigter Infrastruktur verbundenen inländischen Emissionen würden uns erspart bleiben. Ein bescheidener Weiterausbau der Photovoltaik würde kurzfristig Sinn machen, aber ausgediente Anlagen müssten möglicherweise nicht ersetzt werden. Auf die Windturbinenkraftwerke und die dazugehörenden fossilbetriebenen Backup Kraftwerke könnte verzichtet werden.

Der Ersatz von konventionellen Heizsystemen mit Wärmepumpensystemen ist ein wichtiger Aspekt sowohl der gegenwärtig verfolgten Energiestrategie als auch des hier diskutierten Ansatzes.

Abschliessend möchte ich daran erinnern, dass CO_2 Emissionen ein globales Problem sind. China und anderen Exportländern wird es naturgemäss schwerer fallen auf eine karbonfreie Energiewirtschaft umzustellen als der Schweiz, welche ja einen grossen Teil ihrer CO_2 Emissionen auslagert. Es wird also besonders unattraktiv sein für diese Länder, einen effektiven Umbau ihres Energiewesens voranzutreiben. Ausserdem gehört China, welches weltweit am meisten Emissionen verursacht, nicht zu den «Annex I-Staaten, die unter dem Pariser Klimaübereinkommen von 2016 verpflichtet sind, Treibhausgasemissionen zu verringen. Es ist also nicht verwunderlich, dass China zu zögern scheint und Massnahmen möglicherweise erst dann in Angriff nehmen wird, wenn es ohne schmerzhafte wirtschaftliche Folgen möglich sein wird. Ich kann deshalb gut verstehen, dass sich die Euphorie mancher Mitbürger für einen forcierten Energiewandel in Grenzen hält. Wie könnten wir, zusätzlich zu unseren inländischen Anstrengungen (und ausgelagerten Kompensationsprojekten), zur Verminderung der globalen Treibhausgasemissionen beitragen? Weniger aus Exportländern wie China importieren. Vielleicht sollten wir uns auch überlegen, ob nicht mache Güter bei uns hergestellt anstatt importiert werden könnten.

11. Weitere Anmerkungen

Verschiedene Anstrengungen wurden unternommen, um die Gefahr von induzierter Seismizität bei der Konstruktion von EGS zu vermindern. Kwiatek und Kollegen berichteten beispielsweise, dass mittels zeitnahen Monitorings bei der Stimulation in einem tiefen Bohrloch bei Helsinki und Anpassung der Geschwindigkeit der Flüssigkeitsinjektion und des Drucks im Bohrloch signifikante Seismizität vermieden werden konnte[63]. Meier und Kollegen von der Geo-Energie Suisse AG entwickelten ein Konzept, das eine mehrstufige Stimulation in Bohrlochsegmenten vorsieht[64].

Olivier Zürcher hat mich auf untergenutzte Energiequellen aufmerksam gemacht. Freundlicherweise war er bereit, dieses Thema gleich selbst zu diskutieren. Mit seiner Erlaubnis gebe ich hier eine leicht gekürzte Version seiner Ausführungen wieder.

Wir sind seit Jahren auf zwei Achsen der Energiewende fokussiert, nämlich auf die erneuerbaren Energien und das Energiesparen. Es gäbe allerdings noch eine weitere Achse, nämlich die der Energierationalisierung. Dabei geht es darum, ein vorgegebenes Ziel mit weniger Energieaufwand zu erzielen mittels vorteilhafter Energieumwandlungen. Eine angestrebte Endverwertung muss mit dem richtigen Energieträger verknüpft werden. Ich lasse die Theorie weg und befasse mich direkt mit deren Folgerungen: jede Wärmequelle besteht aus einem Anteil der als Exergie und einem Anteil der als Anergie bezeichnet wird. Die Exergie entspricht edler Energie, z.B. Arbeit oder Elektrizität. Die Anergie bezieht sich auf das Energieniveau, das uns umgibt und das wir nicht direkt nutzen können: ein See enthält eine riesige Menge Energie, aber es gibt keine Maschine, die uns mittels dieser Energie ein Ei kochen lässt. Jede vorteilhafte Energieumwandlung verfolgt den Erhalt der Exergie.

Verbrennungswärme ausschliesslich zum Beheizen eines Gebäudes zu verwenden ist deshalb ein «thermodynamischer Fehler». Es wäre vorteilhafter, daraus Strom zu produzieren und nur den benötigten Wärmeanteil für die Beheizung einzusetzen. Insgesamt führt dieser Ansatz zu beträchtlichen Energieeinsparungen. Wenn also Wärme von einer Verbrennung oder einer Kernspaltreaktion genutzt wird, dann sollte ein Teil dieser Energie in edle Energie (Elektrizität) umgewandelt werden und nur der Rest bei niedriger Temperatur aus dem System abgeführt werden. Oft wird diese Restwärme an die Umgebung abgegeben, was auch ein Fehler ist. Die Niedertemperaturwärme kann in Wärmepumpen verwendet werden, die so mit einem hohen COP arbeiten können. Ein Kernkraftwerk gibt etwa zwei Drittel der erzeugten Energie über die Kühltürme ab. Mit dieser Abwärme könnten im Winter Wärmepumpen versorgt werden, die dann mit einem COP von über 5 laufen würden. Im Jahr 2019 wurde eine Wärmemenge von 1'420 TJ aus Kernkraftwerken als Fernwärme verbraucht (Abbildung 5, schweizerische Gesamtenergiestatistik 2019). Eine Wärmemenge von etwa 180'000 TJ wurde nicht genutzt. Wenn man annimmt, dass etwa 40% dieser Wärmemenge in der

Heizperiode anfallen, dann könnten damit theoretisch mittels Wärmepumpen mehr als 88'000 TJ oder etwa 24 TWh Heizwärme generiert werden, was die Hälfte des schweizerischen Haushaltbedarfs (etwa 50 TWh; s. Kapitel 3) abdecken würde. Natürlich müsste immer noch eine riesige Menge an Elektrizität für den Betrieb der Wärmepumpen zur Verfügung stehen, allerdings wesentlich weniger als wenn die Wärmepumpen mit Umgebungswärme oder untiefer geothermischer Wärme arbeiten würden.

Ein weiteres Beispiel: ein Fernwärmenetz, das mit Holz betrieben wird. Eine Flamme mit hoher Temperatur wird dazu verwendet, Gebäude bei 20°C zu beheizen. Mit diesem klassischen Ansatz kann eine bestimmte Anzahl Haushalte mit einer bestimmten Menge an Holz mit Wärme versorgt werden. Dieses Verfahren geniesst eine gute Akzeptanz in der Bevölkerung, da erneuerbare Energien genutzt werden und die CO_2-Bilanz nahezu neutral ist. Leider wird so viel Energie verschleudert. Würde mit dem Holz In einem Wärmekreislauf Strom erzeugt, dann könnte die Abwärme bei niedrigen Temperaturen genutzt und der produzierte Strom für Wärmepumpen eingesetzt werden. So könnten mit der gleichen Menge Holz etwa doppelt so viele Haushalte beheizt werden. In diesem Beispiel sind die Transportverluste der Energie nicht berücksichtigt (was eher dem klassischen System zugutekommt). Die Aussage, dass mit derselben Holzmenge doppelt so viele Haushalte beheizt werden könnten ist nicht übertrieben: ein Faktor von 11 wäre theoretisch denkbar, was aber technisch nicht machbar ist.

Ein letztes Beispiel: in der Schweiz produzieren die meisten Müllverbrennungsanlagen Strom und Wärme für Fernwärmenetze. Man spricht von Wärme-Kraft-Kopplung. (Bei kleineren Anlagen wird ausschliesslich Wärme erzeugt.) Fernwärmenetze sind üblicherweise so ausgelegt, dass sie möglichst viele Haushalte mit Wärme bei etwa 75°C versorgen können. In Kraft-Wärme-Kopplungsanlagen wird diese Wärme dem Dampf in der Turbine bei etwa 140°C entzogen. Über einen Wärmetauscher wird die Wärme ins Fernwärmenetz eingespeist. Bei 140°C enthält der Dampf noch Exergie. Würde die Wärme nicht bei dieser Temperatur entzogen, dann wäre die Stromproduktion höher, denn aus Wärme bei 140 °C könnten noch etwa 20 % Elektrizität gewonnen werden.

Was wäre das Energiepotential aller schweizerischen Wärmekraftwerke, das durch eine solche Rationalisierung realisiert werden Könnte? Eine Schätzung lässt sich mit Zahlen aus der schweizerischen Gesamtenergiestatistik 2019 anstellen. In Abbildung 5 werden Energieflüsse dargestellt. In der oberen Mitte befindet sich ein Kästchen, das ein umrahmtes Flammensymbol enthält. Das Kästchen symbolisiert den Betrieb von "Konventionell-thermischen Kraft-, Fernheiz- und Fernheizkraftwerken". In die Kraftwerke gelangen 3'310 TJ Holz, 450 TJ Erdölprodukte, 49'050 TJ Müll- und Industrieabfälle und 8'330 TJ Erdgas. Insgesamt beträgt der Input also 61'140 TJ. Der Output besteht aus 10'980 TJ Strom und 22'150 TJ Wärme. Die Summe dieser beiden Energien, die aus dem System austreten, entspricht der Menge an Wärmeenergie, die zur Durchführung dieser Umwandlung verwendet wurde, nämlich 33'130 TJ. Die Differenz zwischen Input und Output von 28'010 TJ entspricht den Prozessverlusten, Rauchgasen und Abwärme (die bei einem klassischen Design eines Kraftkreislaufs in der Umgebung verschwindet). Vergleichbare Zahlen finden sich auch in Tabelle 4.

Geht man davon aus, dass die Prozess- und Rauchgasverluste bei etwa 15 % liegen, dann stünden 0,85 x 61'140 TJ = 52'000 TJ für eine rationelle Transformation zur Verfügung. Bei einer Umwandlung ohne (Hochtemperatur) Entnahme und einem Ertrag von 50 % könnten 26'000 TJ Strom (zur Erinnerung: 2019 waren es 10'980 TJ) und 26'000 TJ Wärme bei niedriger Temperatur gewonnen werden. Unter winterlichen Bedingungen könnten etwa 40 % dieser Wärmemenge in Wärmepumpensystemen genutzt werden, die mit einem COP von mehr als 5 arbeiten würden. Bei einem Verbrauch von 2'600 TJ Strom würden 13'000 TJ Haushaltswärme produziert (was etwa 3,6 TWh oder mehr als 7% des schweizerischen Bedarfs entspricht). Wärme bei niedriger Temperatur liesse sich auch für industrielle Zwecke nutzen, ebenfalls mit hohen Ausbeuten. Die restliche Strommenge von 23'000 TJ (6,4 TWh) könnte anderweitig verwendet werden.

Es darf gehofft werden, dass Niedertemperaturnetze (Anergienetze genannt, weil sie sehr wenig Exergie enthalten) eine Zukunft haben werden. Es wäre auch möglich, CO_2 als Transportmittel zu verwenden. Seine hervorragenden thermischen Eigenschaften würden zur

Flexibilität des Wärmetransports und zu weiteren Energieeinsparungen beitragen bei einem sehr geringen Platzbedarf.

Wie die obigen Bespiele aufzeigen, könnte mittels Energierationalisierung wesentlich mehr Strom produziert werden als dies z.Z. geschieht. Die Vorteile einer Energierationalisierung wären noch bedeutend grösser, wenn vermehrt Niedertemperaturheizsysteme (insbesondere Bodenheizungen) auch in Altbauten eingerichtet würden.

12. Literatur

1. Voellmy und Zürcher (2021) "CO_2-neutrale Schweiz bis 2050- Könnten wir das schaffen? Könnten wir uns das leisten? Une Suisse neutre en CO_2 d'ici à 2050- Pouvons-nous le faire? Pouvons-nous nous le permettre? ISBN: 978-3-7526-9808-4.

2. Borucke et al. (2013) Accounting for demand and supply of the biosphere's regenerative capacity: The national footprint accounts' underlying methodology and framework. Ecological Indicators 24: 518-33.

3.https://www.bfs.admin.ch/bfs/en/home/statistics/sustainable-development/more-sustainable-development-indicators/ecological-footprint.assetdetail.15864148.html

4. https://www.wwf.ch/de/nachhaltig-leben/footprintrechner

5. http://www.footprintcalculator.org/home/en

6.https://www.newsd.admin.ch/newsd/message/attachments/62018.pdf

7.https://pubdb.bfe.admin.ch/de/publication/download/10138

8.https://pubdb.bfe.admin.ch/de/publication/download/10112

9.https://pubdb.bfe.admin.ch/de/publication/download/10260, Tabelle 31

10. A. Meyer "Endlose Verfahren blockieren Windkraft in der Schweiz", swissinfo.ch, 09/07/2020

11. Walch et al. (2020) Big data mining for the estimation of hourly rooftop photovoltaic potential and its uncertainty. Applied Energy 262: 114404.

12. Ferroni und Hopkirk (2016) Energy return on energy invested (ERoEI) for photovoltaic solar systems in regions of moderate insolation. Energy Policy 94: 336-344.

13. https://hausinfo.ch/de/bauen-renovieren/haustechnik-vernetzung/energie-strom-beleuchtung/kosten-photovoltaikanlage.html;https://solarratgeber.ch/photovoltaik/kosten-preise/

14. https://www.sses.ch/de/photovoltaik-in-den-alpen-wird-unumgaenglich/

15.https://www.alpiq.com/fileadmin/user_upload/documents/publications/gondosolar_media_release_20220207_en.pdf

16. https://www.srf.ch/news/schweiz/sonnenstrom-aus-den-bergen-ob-gondo-soll-das-groesste-solarkraftwerk-der-schweiz-entstehen

17. https://www.bbc.com/news/world-europe-59850093

18.https://www.bfe.admin.ch/bfe/en/home/versorgung/stromversorgung/stromversorgungssicherheit.exturl.html/aHR0cHM6Ly9wdWJkYi5iZmUuYWRtaW4uY2gvZGUvcHVibGljYXRpYX/Rpb24vZG93bmxvYWQvMTA3MTY=.html

19. https://www.blick.ch/politik/nicht-nur-oekostrom-so-will-der-bundesrat-die-stromluecke-verhindern-id17244688.html

20. https://www.bafu.admin.ch/dam/bafu/de/dokumente/klima/fachinfo-daten/CO2_Emissionsfaktoren_THG_Inventar.pdf.download.pdf/Faktenblatt_CO2-Emissionsfaktoren_01-2022_DE.pdf

21. https://pronovo.ch/de/foerderung/evs/herkunft-foerdergelder/

22. https://www.bfs.admin.ch/bfs/de/home/statistiken/mobilitaet-verkehr/verkehrsinfrastruktur-fahrzeuge/fahrzeuge/strassenfahrzeuge-bestand-motorisierungsgrad.html

23. https://www.bfs.admin.ch/bfs/de/home/statistiken/kataloge-datenbanken.assetdetail.23684306.html

24. https://www.bfs.admin.ch/bfs/de/home/statistiken/mobilitaet-verkehr/verkehrsinfrastruktur-fahrzeuge/fahrzeuge/strassenfahrzeuge-bestand-motorisierungsgrad.html

25.https://www.bfe.admin.ch/bfe/de/home/effizienz/mobili
taet/co2-emissionsvorschriften-fuer-neue-personen-und-
lieferwagen/personenwagen/faq.html

26. 641.711 Verordnung über die Reduktion der CO2-
Emissionen (CO2-Verordnung) vom 30. November 2012
(Stand am 1. Januar 2022).

27. Yuan et al. (2017) Manufacturing energy analysis of
lithium ion battery pack for electric vehicles.
Manufacturing Technology 66: 53–56.

28. Kim et al. (2016). Cradle-to-gate emissions from a
commercial electric vehicle Li-ion battery: a comparative
analysis. Environ Sci Technol 50: 7715-22.

29. Sato and Nakato (2020) Energy consumption analysis
for vehicle production through a material flow approach.
Energies 13: 2396.

30. Olasolo et al. (2016) Enhanced geothermal systems
(EGS): a review. Renewable and Sustainable Energy
Reviews 56: 133-44.

31. geothermie.ch; März 2010.

32. Tester et al. Integrating geothermal energy use into
re-building American infrastructure. Proceedings World

Geothermal Congress 2015, Melbourne, Australia, 19-25 April 2015.

33. Huang et al. (2019) Economic analysis of heating for an enhanced geothermal system based on a simplified model in Yitong Basin, China. Energy Sci Eng. 7, 2658-74.

34.   www.geothermies.fr/outils/operations/la-centrale-geothermique-de-soultz-sous-foret-bas-rhin

35.   https://geothermie-schweiz.ch/de-la-chaleur-pour-malmoe-provenant-de-plus-de-7000-metres-de-profondeur/?lang=fr

36. Ma et al. (2016) Overview on vertical and directional drilling technologies for the exploration and exploitation of deep petroleum resources. Geomech Geophys Geo-energ Geo-resour. 2:365–395.

37. Cui et al. (2017) Geothermal exploitation from hot dry rocks via recycling heat transmission fluid in a horizontal well. Energy 128:366–377.

38. Jiang et al. (2016) Heat extraction of novel underground well pattern systems for geothermal energy exploitation. Renewable Energy 90:83–94.

39. www.vox.com/energy-and environment/2020/10/21/21515461/renewable-energy-geothermal-egs-ags-supercritical

40. www.eavor.com/what-the-experts-say/tno-eavor-loop-audit-report/

41. https://youtu.be/GZcFd5Xfv-0

42. www.construction-europe.com/news/geothermal-test-project-moves-ahead-in-germany/8014515.article

43. www.rechargenews.com/technology/oil-giants-bp-and-chevron-become-part-owners-of-world-changing-deep-geothermal-innovator-eavor/2-1-963275

44. Tester et al. The future of geothermal energy; Idaho National Laboratory, Idaho Falls, ID, USA, 2006.

45. Ezzat et al. (2022) Modeling of the effects of pore characteristics on the electric breakdown of rock for plasma pulse geo drilling. Energies 15: 250.

46. Ezzat et al. (2021) Simulating plasma formation in pores under short electric pulses for plasma pulse geo drilling (PPGD). Energies 14: 4717.

47. Li et al. (2019) Damage model and numerical experiment of high-voltage electro pulse boring in granite. Energies 12: 727.

48. www.thinkgeoenergy.com/plans-announced-on-drilling-europes-deepest-geothermal-well/

49. https://www.research-collection.ethz.ch/handle/20.500.11850/445213

50. https://www.kernenergie.ch/de/schweizer-kernkraftwerke-_content---1--1068.html

51. https://world-nuclear.org/information-library/nuclear-fuel-cycle/nuclear-power-reactors/advanced-nuclear-power-reactors.aspx

52. https://inis.iaea.org/collection/NCLCollectionStore/_Public/37/086/37086871.pdf)

53. https://www.osti.gov/etdeweb/servlets/purl/20308527

54. https://en.wikipedia.org/wiki/EPR_(nuclear_reactor

55. http://www.world-nuclear.org/information-library/current-and-future-generation/plans-for-new-reactors-worldwide.aspx

56. "Uranium 2018: resources, production and demand ('Red Book')". Red Book. Uranium. OECD Publishing. 27: 15, 107. 2018 – via OECD Library.

57. Lightfoot et al. (2006) Nuclear fission fuel is inexhaustible. IEEE EIC climate change conference, 2006, pp. 1-8.

58.https://www.cleanenergy-project.de/energie/konventionelle-energie/schnelle-brueter-vielleicht-doch-eine-loesung/

59. https://de.nucleopedia.org/wiki/GE-Hitachi_PRISM

60. https://www.schlumpf-argumente.ch/atomstrom-ist-billiger-als-solarstrom/

61.https://www.bafu.admin.ch/bafu/de/home/themen/klima/fachinformationen/verminderungsmassnahmen/co2-abgabe/rueckverteilung.html

62. https://www.deutschlandfunk.de/outsourcing-von-emissionen-100.html

63. Kwiatek et al. 2019. Controlling fluid-induced seismicity during a 6.1-km-deep geothermal stimulation in Finland. Sci Adv 5: eaav7224.

64. Meier et al. 2015. Lessons Learned from Basel: New EGS Projects in Switzerland Using Multistage Stimulation and a Probabilistic Traffic Light System for the Reduction of Seismic Risk. Proceedings World Geothermal Congress 2015, Melbourne, Australia, 19-25 April 2015.

13. Begleitwort

18. Dezember 2022

Ich bedanke mich bei Olivier Zürcher, Alice Voellmy und Dieter Schlaepfer, die mich auf Fehler und Schwachstellen in meinem Manuskript aufmerksam machten. Ich habe ihre Verbesserungsvorschläge weitgehendst berücksichtigt. Besonderer Dank geht an Olivier Zürcher, nicht nur für seinen Beitrag zum 11. Kapitel, sondern auch für seine unermüdlichen Versuche, mir nahezubringen, was thermodynamisch Sinn macht und was nicht. Dieter Schlaepfer hat freundlicherweise zwei Abbildungen produziert, die im 6. Kapitel zu finden sind. Ich bedanke mich für seine Mitarbeit.

Für den Inhalt dieser Schrift bin ich allein verantwortlich. Ich bitte die Leser und Leserinnen, mir Fehler zu melden, die sie entdeckt haben.

14. Autor

Richard Voellmy, Ph.D., Esq. ist Naturwissenschaftler und Anwalt.